AIRCRAFT CARRIERS AT WAR

A Personal Retrospective of Korea, Vietnam, and the Soviet Confrontation

戰爭中的航空母艦 I

韓戰、越戰和對抗蘇聯的個人回顧

詹姆斯·L·霍洛韋三世（James L. Holloway III）　著

吳志丹　顧康敏　陳和彬　譯

國家圖書館出版品預行編目 (CIP) 資料

戰爭中的航空母艦：韓戰、越戰和對抗蘇聯的個人回顧 / 詹姆
斯 .L. 霍洛韋三世 (James L. Holloway III) 著；吳志丹，顧康敏，
陳和彬譯 . -- 第一版 . -- 臺北市：風格司藝術創作坊，2019.06
　　冊；　公分 . -- (全球防務；6-7)
　　譯自：Aircraft carriers at war : a personal retrospective of
Korea, Vietnam, and the Soviet confrontation
　　ISBN 978-957-8697-48-5(第 1 冊：平裝). --
ISBN 978-957-8697-49-2(第 2 冊：平裝)

　　1. 軍事史 2. 冷戰 3. 航空母艦 4. 美國

590.952　　　　　　　　　　　　　　108008478

全球防務 006

戰爭中的航空母艦 I：
韓戰、越戰和對抗蘇聯的個人回顧

Aircraft Carriers at War:
A Personal Retrospective of Korea, Vietnam, and the Soviet Confrontation

作　　者：詹姆斯 ・L・ 霍洛韋三世（James L. Holloway III）
譯　　者：吳志丹、顧康敏、陳和彬
責任編輯：苗　龍

出　　版：風格司藝術創作坊
　　　　　235 新北市中和區連勝街 28 號 1 樓
電　　話：(02) 8245-8890

總 經 銷：紅螞蟻圖書有限公司
　　　　　台北市內湖區舊宗路二段 121 巷 19 號
電　　話：(02) 2795-3656
傳　　真：(02) 2795-4100
http://www.e-redant.com

出版日期：2020 年 11 月　第一版第一刷
訂　　價：380 元

本書如有缺頁、製幀錯誤，請寄回更換
ISBN　978-957-8697-48-5　　　　　　　　　Printed inTaiwan

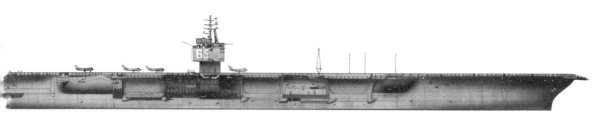

目錄
CONTENTS

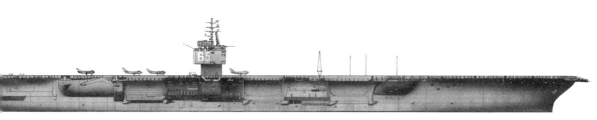

序

　　在拜讀美國著名的政治家、參議員約翰・麥凱思回憶錄《父輩的信念》時，已深感一位富有遠見的父輩總是能正確影響子女的一生。同樣，作爲父親的「依阿華」戰列艦艦長對兒子的一句「太平洋戰場是航母的天下，美國海軍的未來在於海軍航空兵」，從而造就了「本尼恩」號驅逐艦上一名槍砲長未來的航母之路，乃至第20任美國海軍作戰部部長——前海軍上將詹姆斯・霍洛韋。

　　霍洛韋將軍的回憶錄《戰爭中的航母》中文版的出版，生動地再現了從二戰結束到全球反恐戰爭期間美國海軍航母作戰運用的歷程，以及鮮爲人知的航母戰鬥故事。作爲航母堅定的支持者，霍洛韋將軍認爲，從第二次世界大戰初期開始至今，航母一直是美國海軍實現全球海上控制不可估量的主要作戰平臺。

　　儘管冷戰結束後，由於在廣闊的海洋上失去了可以匹敵的艦隊，美國海上力量的基本目標已從「實現對海洋的控制」轉向「利用對海洋的控制」，進而「以新的海上部署模式和力量構成來維持支援人道主義援助/災難救援、國家建設、安全援助、維和、反毒品、反恐、反暴亂以及危機反應所需的前沿存在」的瀕海作戰新思維、新框架，得到了正在重新尋找敵人而進行戰略調整的海軍的高度關注，加之造船及維護費用的飆升、遠程精確打擊武器的興起，航母霸主地位受到了挑戰。

　　爲此，霍洛韋將軍在他的《戰爭中的航母》中客觀地評論道：「其實，航母就如同機場一樣，只有戰術飛機在戰爭中變得過時而不再使用的情況下，航母才會顯得過時。這種情況會發生嗎？……那種認爲航母在未來戰爭中脆弱易損的觀點是錯

誤的。航母並不比海軍其他裝備脆弱。事實上，航母是遂行所有海軍作戰行動的保證。」事實上，航母不應該僅僅被視爲冷戰的象徵，而應該被視爲一種「大型多用途」平臺。正如霍洛韋將軍指出的，隨美軍全球戰略的調整，以航母爲核心的航母戰鬥群已過渡到如今的航母打擊群，已溶入美國海軍目前正在倡導的「海基能力」（Seabasing）聯合集成概念之中。即，成爲海上基地（Seabase）組成部分，爲持續的海上力量投送、戰鬥生存提供了一種全範圍作戰能力，同時還包含了最強大的單一海上打擊單元。

二〇〇七年，在霍洛韋將軍英文版《戰爭中的航母》出版之時，正值美軍爭論長達近二十年之久的「海基能力」概念逐漸形成並完善之時。例如，2007 年 6 月，第2版《海軍陸戰隊作戰概念》中稱，「海基能力將使我們具備從海上的國際水域發起行動的能力，從而可以確保作戰機動和進入權利」；2007 年，美國海軍、海軍陸戰隊和海岸警衛隊聯合發布了《21 世紀海上力量的合作戰略》文件。這一文件充分吸收了兩版《海軍陸戰隊作戰概念》和2006 年版《海軍作戰概念》的觀點，反應了近二十年來的海基能力概念發展過程；2009 年版《海軍作戰概念》中認爲，海基能力不僅僅是可以用來支持多種類型軍事行動，而是它可以爲美國提供在一種適用於新安全環境的非對稱優勢。

隨著「空海一體戰」概念的興起，與之緊密相關的「海基能力」概念必將走向前臺。而事實上，聯合作戰早已成爲美軍的基本作戰形態，以有效應對新興大國崛起帶來的「反進入/區域拒止」挑戰，這也必然要求各軍種廣泛參與，形成聯合作戰能力。海基能力概念的提出，不僅直接影響到海軍、海軍陸戰隊的轉型思路、作戰概念發展、裝備項目建設，甚至直接影響美國未來幾十年的國家大戰略。對霍洛韋將軍所鍾愛的航母而言，在褪去海上霸主光環之後，作爲海上基地的組成部分正迅速溶入更加廣泛的聯合作戰體系之中，並依然起著不可替代的核心作用。

知遠戰略與防務研究所　李健

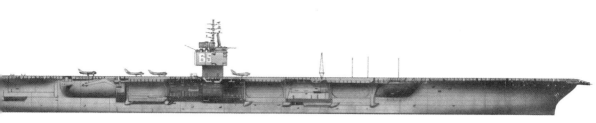

譯　序

　　本書作者——原美國海軍作戰部長霍洛韋將軍從軍經歷異常豐富，足跡遍布水面艦艇、海軍航空兵、航母以及五角大樓海軍作戰部。作者在作為「本尼恩」號驅逐艦的槍砲長時就參加了蘇里高海峽之戰以及薩馬島之戰等多次海戰；二戰後作為海軍航空兵駕駛過F9F「黑豹」戰鬥機，後擔任「福吉谷」號航母第52艦載戰鬥機中隊中隊長參加了朝鮮戰爭；朝鮮戰爭結束後，一九五八年擔任「埃塞克斯」號航母第83攻擊機中隊中隊長，駕駛A-4「天鷹」攻擊機，隨第六艦隊部署到地中海掩護陸戰隊登陸黎巴嫩並執行空中巡邏的任務；一九六五～一九六七年，擔任美國海軍第一艘核動力航母——「企業」號航母艦長，並隨艦部署於東京灣，參加了對越戰爭，其間兩次榮獲美國「功績勳章」，所在航母榮獲「成績卓越獎」；一九六六年晉升為少將；一九六七年調回海軍作戰部任處長，致力於推進尼米茲級核動力航空母艦計畫；一九七〇年任地中海第六艦隊航母打擊群司令，隨艦部署地中海，援救約旦免遭敘利亞的攻擊，由於其出色表現，旗艦「獨立」號榮獲美海軍「單位嘉獎」；一九七一年晉升為中將，任大西洋艦隊副司令兼參謀長；一九七二年任太平洋第七艦隊司令，在「後衛Ⅱ號」作戰中指揮巡洋艦封鎖越南海防港，直接導致一九七三年的停火協議，其間第三次榮獲「海軍優異服役獎章」；一九七三年晉升為海軍上將，擔任海軍作戰副部長；一九七四～一九七八年任海軍作戰部部長，同時也是美國參謀長聯席會議成員。霍洛韋將軍從戎期間4次榮獲「海軍優異服役獎章」，2次榮獲「國防部優異服役獎章」，可謂功勳卓

著，其軍旅生涯極具傳奇色彩。

該回憶錄以航母及其艦載機發展及其在戰爭中的運用爲主線，按歷史發展的順序回顧了作者的海軍生涯。該回憶錄注重從戰爭細節進行描述，文字極具畫面感，生動地再現了當時的歷史事件。閱讀該書能對美國海軍航母的作戰計畫、戰術運用、後勤裝備保障以及戰略走向背後的政治因素等都有一個直觀生動的瞭解。這是市面上一般介紹美國海軍航母及相關航母作戰的科普性書籍無法比擬的，因此該書不僅可作爲軍事愛好者的生動讀物，也可作爲軍事研究者的第一手航母研究資料。譯者通過該書的翻譯工作也受益匪淺。

本書由知遠戰略與防務研究所組織翻譯，其中第一章到第九章、第十一章、第十二章由吳志丹負責翻譯，第十章、第十三章至第十五章由陳和彬負責翻譯，第十六章至二十三章由顧康敏負責翻譯，最後由吳志丹負責統稿，由王志波、吳志丹負責校稿。

本書翻譯需要具備豐富的理論知識，包括兵種知識、地理知識以及當時政治背景知識，尤其是一些裝備名稱、戰術細節、人員崗位和作戰地名知識。譯者雖在海軍工作，然而海軍內兵種眾多，各兵種之間技術裝備迥異，譯者知識面不可能面面俱到，雖查閱諸多材料，但不足之處在所難免，亦期讀者賜教。

譯者

二〇一二年九月於南京

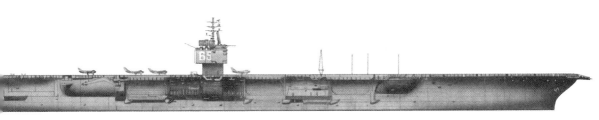

中文版序

　　二○一二年十一月二十五日，如果說沒有數百萬的話，至少也有成千上萬的美國人在互聯網上熱議一個轟動一時的、具有歷史意義的畫面：一段有關中國海軍的J-15戰鬥機在「遼寧號」航空母艦上起降的清晰視頻。J-15戰鬥機是一種在俄羅斯蘇霍伊（SU-33）基礎之上爲海戰而開發的新戰機，是全球技術最先進的軍用飛機之一。J-15戰鬥機在中國的第一艘航空母艦上重複攔捕著陸和甲板起飛動作，飛行動作完成得完美無瑕。一般而言，美國公眾都知道中國正在實施中國海軍的航母計畫，但沒有廣泛地認識到中國的航空母艦與中國海軍的艦艇和飛機取得了這麼大的進展。爲了在更短的時間內成爲一個海洋大國，中國軍隊做出了初步的努力。誠然，中國人承認，他們必須要走很長的路才能夠建立一流的海基戰術空中作戰能力，但他們正在取得進步。

　　航母作戰對於在外海發揮空中力量優勢是必不可少的，但由於多方面的原因，它也很複雜。現在，我的著作《戰爭中的航母》中文版出版，將爲業餘愛好者和軍事迷們提供一個有關現代海上作戰的概念和先進技術的詳細而全面的分析。隨著中美兩個大國的海軍擁有的航空母艦的數量及其作戰能力的不斷增長，對於每一個想要瞭解任何一次新進步的真實影響的美國人和中國人，這本書是值得一讀的。

美國海軍上將，詹姆士・L.霍洛韋 三世

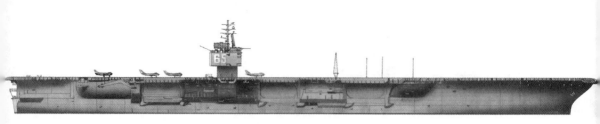

原著序

　　對於我們這樣一個相對歷史不長的國家來說，冷戰這段時期尤其引人注目。但很少有人有資格像霍洛韋將軍一樣撰寫專著，對其品頭論足。霍洛韋將軍爲讀者提供了我們的政治和軍事領導家牽制蘇聯，最終導致一九九一年蘇聯解體的第一手資料。

　　從海軍少尉成長爲一名將軍，霍洛韋將軍經歷過第二次世界大戰、朝鮮戰爭、越南戰爭和冷戰中與蘇聯的惱人小衝突，一直處於作戰和決策的第一線。據說吉姆·霍洛韋的驅逐艦二戰中被日本人命中過，飛機在朝鮮戰爭中被中國人擊落過，旗艦也在越南戰爭中被越南民主共和國擊中過。

　　我一直是吉姆的仰慕者，但鮮有機會與之共事，直到一九八五年，他當總統反恐特遣隊執行理事時才如願以償。一九八六年，我委任他爲中東特使，解決巴林和卡達的地區衝突。在鮮有人聽說基地組織前，吉姆就未雨綢繆地分析了恐怖主義的威脅，爲國家安全進言獻策。

　　由於具備戰術和戰鬥層面的直觀認識，他對於重要事件的描述總是鮮活具體。他經歷之廣，智慧之深，從海軍飛行員到艦長的視角讓讀者在海戰中「暢遊」，很少有學者和研究員能夠爲讀者開啓這段神奇的閱讀之旅。霍洛韋將軍的這本書將首次爲我們揭祕冷戰勝利之謎。

喬治·H.W.布希

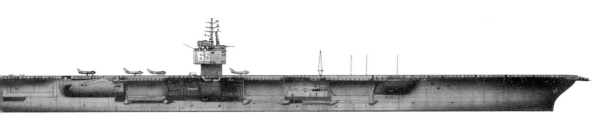

前　言

　　「航母在哪？」這個問題是本書的核心，也是冷戰時期理查德‧尼克松總統的國家安全顧問，後來的國務卿亨利‧季辛吉所提出的經典問題。這是冷戰時期他參加國家安全委員會的緊急會議時對全體職員和同事所說的開場白。他之所以這麼問，是想瞭解美軍的最新軍力是否隨時能有效應對眼前危機。

　　航母及其戰鬥群的存在讓我們擁有更多的迴旋餘地，我們可或明或暗地顯示單純的軍事存在或直接參戰。航母可使用常規武器或部署核武器，不需要經由主權國家同意就可到達危機海域；可憑強大實力在到達時就立即控制局面，也可保持戰區實力，以待力量增援或危機解除。

　　航母戰鬥群是外交和軍事決策的重要工具，並由國家指揮當局直接控制和使用。美國海軍航母在整個冷戰時期的作用以及在朝鮮戰場、越南戰場和在美蘇對抗中的部署逐一印證了它的能力價值。冷戰早期的戰爭實踐為二戰後航母的運用提供試驗平臺，促進其戰術結構不斷優化，演變為現今的模式。在全球性危機美蘇對抗中，朝鮮戰爭是依據「一九四七年國家安全法案」成立美國空軍後美軍的首次軍事行動。此次戰爭中，國防部傾力投入，美國民眾翹首以盼——這場有美國空軍參加的戰爭到底會有何不同？尤其是在對地面部隊的支援保障方面會有什麼突出表現呢？

　　美國空軍的橫空出世，讓其擁躉者們巴不得把所有與之相關的任務都往自己身上攬，也包括美國海軍原本打算保留和利用的海洋環境。這些問題在一九四九年

B-36聽證會上讓國會無所適從，並引發了對航母艦載機和岸基重型轟炸機用途和價值孰優孰劣、海軍航空兵未來是否適合攜帶核武器問題的激烈討論。聽證會通過了取消戰後第一艘美國海軍「美國」號航母建造項目的決議。該決議成爲了所謂「將軍起義」事件的導火索。事件隨著海軍作戰部部長路易斯‧登菲爾德將軍的一聲槍響達到高潮。

由於一九五〇年的裁減，一九五一年美國海軍僅保留了5艘航母，但能搭載一流的噴氣式飛機。朝鮮戰爭爆發後，由於急需戰術航空兵，在海軍再動員下，19艘「埃塞克斯」級航母重新啓封，編配艦載機，編入作戰艦隊重新使用。一共有21艘各型航母投入戰鬥，其艦載機至少擔負了30%的突擊任務。

對朝鮮戰爭的反思中，歷史學家普遍認爲僅靠空軍是無法取得朝鮮戰爭的勝利的，而正是戰術航空兵對地面部隊有力的支援保障才阻止了敵人的進攻。這點毫無疑義，沒有絕對的制空權，聯合國軍定會輸掉這場戰爭。

航母艦載機在朝鮮戰場的運用證明了其持久的生命力，其後美國海軍也一直保持25艘左右的航母直至越南戰爭結束才開始縮編。由於軍事航空技術的發展，出現了第一架噴氣式飛機，並導致必須對航母進行現代化改裝，客觀上促進了退役航母的重新服役。二戰後不久，第一個噴氣式飛機中隊在航母上部署，開始時其效果差強人意。然而海軍航空兵迎難而上，克服重重技術桎梏和操作困難，終於迎來戰後噴氣式飛機在航母上的成功運用。

一九五〇年七月，當「福吉谷」號航母首次在朝鮮戰爭中發動空中打擊時，每一艘航母都裝備了2個噴氣式飛機中隊。首批裝備的噴氣式飛機是格魯門公司生產的F9F-2「黑豹」，緊接著是麥克唐納公司生產的F2H-2「女妖」。這些早期的海軍飛機在性能上不如空軍的F-86E——該型能與蘇聯的米格系列飛機相媲美，並能將制空權牢牢把握在美國及其盟友手中。然而，一九五〇年夏末，海軍航母部署完成後，「黑豹」、「女妖」、「海盜」等艦載機不辱使命，道格拉斯公司生產的AD-2「空中襲擊者」在對地面部隊近距支援上更無機能敵。

美國海軍有能力立足當下，再續輝煌。麥克唐納‧道格拉斯公司生產的F-4「鬼怪」II型航母艦載機，已成爲「自由國家」空軍的標配戰術飛機。目前美國海軍共

有9艘85000噸大甲板核動力航母，第10艘「喬治‧H.W.布希」號也於二〇〇六年下水。

　　本書彙集對當代事件和決議的看法，評析了冷戰、朝鮮戰爭、越南戰爭和美蘇對抗這段歷史。正是這些歷史鍛造了當今具有主要一流作戰軍艦、大甲板核動力航母的美國海軍，造就了當今和未來的「海上強國」。

「蘇里高」海峽之戰

一九四四年十月二十五日，凌晨三點剛過不久，美國海軍「本尼恩」號驅逐艦（DD-662）在視距內發現日本重型巡洋艦。當時我剛出艙，站在「馬克37」砲火射擊指揮儀旁邊，用望遠鏡搜索視距內的情況。耳邊響徹著隆隆砲聲，眼前南方天空的下象限位置被槍口射出的火光染紅。海峽內的魚雷巡邏艇快速伏擊了日軍艦艇縱隊，雙方陷入激烈交戰。

有人拽了拽我的褲腿，身邊砲瞄陣位的戰士從目鏡中向我打手勢，我欠身進入指揮座艙，將瞄準器指向日本戰艦巨大塔形上層建築底座。通過指揮儀鏡面放大景象，南方的景況在我眼裡越發清晰。該艦被主砲齊射的火光和副砲速射的火焰照亮。從艦艏犁出的明顯波浪看，該艦時速至少在25節[①]以上。

身旁的雷達操作手簡潔地報告著：離開大陸塊的目標重新進入鎖定範圍，並處於較好的射程之內。我摘下通話器，聯通對講機，報告正追蹤1艘日本戰艦，並用火控雷達鎖定了它。指揮官喬舒亞·庫珀艦長回復，「馬提尼」（魚雷艇的無線呼叫信號）報告2艘敵戰艦、1艘巡洋艦，以及至少3艘驅逐艦已通過「蘇里高」海峽（位於菲律賓南部萊特島和棉蘭老島之間）。我們的目標會是第二艘戰艦。「制定好射擊預案後向我報告。」艦長說，「艦砲備便，聽到命

① 1節＝1.852公里/時。

令後再射擊，先集中5枚魚雷攻擊它。」他的指揮清晰而有條理。在對講機嘈雜的聲音中，我聽見艦-艦電臺中「馬提尼」傳來的做好魚雷攻擊前準備的激動報告聲。再次用望遠鏡搜索時，我可以看見2艘戰艦縱隊排列。我把瞄準器指向第二艘戰艦，雷達操作手報告目標已鎖定，接著我呼叫標圖室做好對新目標的火力打擊預案，爾後向我報告。

日本戰艦一出現在海峽，雷達示波器從地物雜波中識別的圖像就一直很清晰地顯示著，火控雷達也一直將其鎖定在射程之內。數分鐘後，標圖室報告「自動鎖定」。我將其報告給艦橋控制室，艦長說：「很好，魚雷備便，聽令發射。」我調好5英寸①艦砲，5枚魚雷也架設至發射狀態。當我立於艙口時，看見船尾的魚雷發射底座已瞄向船舷。

艦艇在暴風雨中穿行，天色漆黑一片。南部的砲火尚未停息。我很難辨認出我編隊中另外2艘與「本尼恩」號同型的「弗萊徹」級驅逐艦。縱隊中艦與艦之間保持了大約300英尺②的相對疏散距離。編隊緊貼萊特灣我方海岸線，以5節的速度巡航，利用島上的戰亂不讓敵雷達發現。耳邊只聽到輪機員保持全蒸汽壓駛向目標的安全警報聲。砲火指揮艙內非常安靜，每個艦員都聚精會神於各自的任務，我們很久沒有在一起閒聊了。過去7個月內我們5人每天一起在這個狹小悶熱的「鐵盒子」裡待8小時，要麼負責值更，要麼就在最高戰備狀態下射擊日艦。我們共同經歷了塞班島之戰、北馬里亞納群島之戰、關島之戰、帕勞群島之戰以及佩萊利島之戰，曾一周內3次打空彈倉，並自詡為經驗豐富的老兵。今晚只有一名指揮員值更。艙內恆定指示器在萊特灣之戰中被日岸砲擊毀。站在我身旁的年輕火控手和副砲手也在前天不幸負傷。助手羅伯森上尉，受了重傷，裹了條毯子綁在軍官起居室餐桌上（在最高戰備狀態下這裡成為了艦上的急救站）。他打了嗎啡，能為他做的也只有止痛和止血。他雖然僥倖活了下來，但被炸斷了整條胳膊。戰爭對於他這樣一個毫無心理準備的人來說太

①1英寸=2.54公分。
②1英尺=0.3048公尺。

殘酷了。

通過聲能戰鬥電話檢查艦砲和魚雷陣位的準備情況後，我感到稍許寬慰。當再次查看雷達指示器，發現了逐漸變大的日艦影像時，我吃了一驚。敵編隊正以25節的速度向我逼近，已接近我射擊近界。

鍋爐房增壓器的嗚嗚聲變得急促起來，艦橋開始全速推進。隨著艦艇的加速，螺旋槳產生的氣穴現象使指示器開始震動，甲板也開始搖擺，我們的驅逐艦縱隊開始向南轉向。突然，「本尼恩」號的常規廣播和聲動力電話幾乎同時宣布：「準備戰鬥」。

戰術攻擊預案準備利用萊特灣的地理優勢。我們由9艘艦組成的驅逐艦中隊，準備編為3個三艦編隊，立足獨立作戰，同時加強協同。編隊在艦長羅蘭·西蒙特准將的指揮下，準備從萊特灣北部沿岸的待機地域出發，以25節的速度航行10英里①到達魚雷發射陣位，對敵艦實施突襲。此時，日艦縱隊正以27節的速度邊攻擊邊向北逃竄。准將的意圖是一旦日艦到達我巡洋艦和戰列艦的魚雷攻擊範圍，我們就對其實施突擊。

攻擊開始的口令後，編隊轉為間距300英尺的縱隊向南截擊敵人。加速時，鍋爐房弄出濃煙掩護編隊行動。同時，實施燈火管制，只留有一盞藍色的戰鬥照明燈。站在指揮艙口，我可縱覽聚攏的兩編隊的全景。通過「Mark-37」指揮儀高倍透鏡組，敵情清晰可見。我編隊驅逐艦一離開海岸線的隱蔽區就置於日本巡洋艦和戰列艦的火力攻擊之下。奇怪的是，我編隊在夜色中迅速航行，以超過50節的相對速度駛向敵艦，看著敵火力在我四周呼嘯，卻不開一砲。14英寸艦砲激起的巨型水花足以將我艦艇甲板打濕。雙方不斷發射的照明彈更增加了詭異的氣氛。

隨著日艦進入射程，耶西·B.奧爾登多夫少將指揮戰列艦和巡洋艦部署為東西單橫隊，與日編隊組成T形，先以主砲進行攻擊。整個視野北部火光沖天，14英寸及16英寸艦砲激起的火焰照亮了整條戰線。在我上方天空，多發齊

①1英里=1609.344公尺。

射的曳光彈拖著長長的尾巴飛臨日艦，速度之慢讓人咋舌。曳光彈飛臨目標只需要15～20秒時間，但此刻似乎在天空凝滯住了。透過砲射儀瞄準鏡，我能清楚地看見砲彈飛抵日艦的爆炸景象：它們擊毀甲板砲底座時火光四濺；擊穿厚鋼板時噴發出片片鋼水。

我們的編隊仍保持縱隊駛向日本「山城」號戰列艦，距離7000碼①時，首艦在砲火和濃煙掩護下右轉，緊接著將5枚魚雷射入水中。緊隨首艦尾跡，「本尼恩」號急右轉舵，以方便發射魚雷。艦橋指揮室通過對講機和感應電話命令：「發射魚雷！」從測距儀觀察鏡中清晰可見「山城」號，我穩定瞄準器，指向日艦塔形桅正下方吃水線附近。下方標圖室操作手重複：「按計畫發射。」穩定好熾熱的標度盤指示陀螺儀後，我將魚雷瞄準目標，按下控制臺魚雷發射鍵，起身走出艙門，看見5枚魚雷快速駛向目標。

因為每艘驅逐艦在攻擊前都轉向以干舷對準目標，加之艦艇要各自機動規避艦砲，隊形頓時變得混亂不堪。「本尼恩」號降速至30節時，只聽見左舷外側迸發出巨大爆炸聲。編隊中「艾伯特·W.格蘭特」號驅逐艦被大口徑火砲擊中。局勢更加混亂。日艦編隊早已四分五裂，如無頭蒼蠅般在海上亂竄，「垂死掙扎」，戰艦燃起大火，在巨大的爆炸聲中「搖搖欲墜」，艦舯面目全非，艦艉支離破碎，干舷殘缺不全。

我們在「本尼恩」號上奮力用雷達聯通，在視距內識別敵我。一艘主力戰艦向我們出其不意地發射了一枚大口徑曳光彈，在僅離我右舷數千碼的地方爆炸。我們從主砲採取分波齊射而不是美國軍艦常用的集中齊射的特點看出那是艘敵艦。「本尼恩」號祕密接近時，我們突然發現我們又處在發射魚雷的黃金位置。庫珀艦長立即下令抓住這個時機發射剩餘的5枚魚雷。為了讓火控雷達快速獲取發射距離和方位，快速瞄準後，我向標圖室通報了預計攻擊角度。當魚雷發射陣位報告準備發射，標圖室報告處於最佳的攻擊航向和速度時，艦長一聲令下：「發射魚雷。」我穩定標度盤，同時按下發射鍵，5枚魚雷如離弦之箭

①1碼=0.9144公尺。

射向目標。發射時，「本尼恩」號距離目標「山城」號大約3000碼，第二次齊射的1枚魚雷直接命中目標，頃刻間將其擊沉。

清晨四點半，第一縷朝陽即將蹦出天際時，我軍在海峽內重新編隊，聽令向南全速前進，消滅殘餘日艦。黎明前的微光映紅了下游海灣，此景攝人心魄。我數了數有4個地方還在著火，海上有油光的地方散落著艦艇殘骸。我們駛過時，抓著漂浮殘骸的日本兵向我們求援，但是我們沒有時間營救倖存者了。日本「朝雲」號驅逐艦，被我巡洋艦和戰列艦重創且仍在著火，拖著殘體向南逃亡。如果「朝雲」號仍載有魚雷，那仍會對我造成致命威脅，因此，「本尼恩」號轉向接近「朝雲」號，在10000碼距離上以5英寸艦砲3發齊射對其試射。距離6000碼時，我們加大了火力，砲彈擊穿了目標，炸點處火花四濺。距離2000碼時，「朝雲」號斷成兩截，在暮色中逐漸下沉，當「本尼恩」號經過時，下沉的殘體掀起滔滔海浪。

「本尼恩」號返回編隊時，一架「零」式艦載戰鬥機從一片低雲中突然竄出來，正在我艦左舷上方，我5英寸艦砲立刻迎擊，毫無偏差地直接命中。「零」式戰鬥機被擊成碎片，燃燒著墜入海中。二十六日早晨，「本尼恩」號艦員已筋疲力盡。我們前一天4點就起床，在海軍「野貓」戰機和日本「零」式戰機在空中角逐的情況下，從停泊於塔克落班港的「自由」號補給艦上搬運5英寸彈藥並一直戰鬥到現在。我們在駐艙內待了超過12小時。現在，我們聽著通話器傳出的報告，看著日艦中緊緊抱著冒煙殘骸的倖存者，判定日主力戰列艦和巡洋艦已被我方擊毀，但我方只有「艾伯特·W.格蘭特」號被重創。

薩馬島之戰

駕駛室通話器的廣播讓勝利的喜悅戛然而止。它轉播了位於薩馬島東部作戰的「塔菲3」號護航航空母艦（簡稱護航航母）特混編隊的廣播。 3個航母特混編隊（還包括「塔菲1」號和「塔菲2」號）各由6艘護航航母組成，為萊特

灣第七艦隊提供空中掩護並為登陸的美軍提供近距離支援。從斷斷續續的廣播中，我們得知護航航母正遭受日本大型水面艦艇的遠距離砲火攻擊。

不久，第七艦隊司令湯馬斯・金凱德少將的代號為「耶和華」的個人無線電信號證實了我們獲取的隻言片語情報的正確性。報告說快速接近的日本戰列艦、巡洋艦和驅逐艦攻擊了位於薩馬島東部的「塔菲」航母戰鬥群的小型航母及其護衛艦艇。護航航母艦載的「野貓」戰鬥機和「復仇者」戰鬥機多次攻擊日艦，希望迫使其返航並減緩其接近小型航母的速度，但收效甚微。飛機炸彈艙空了，彈藥也耗盡了。「塔菲」護衛隊的護航驅逐艦和普通驅逐艦，也毅然對敵艦發起了數次魚雷攻擊，但是這種英勇的攻擊方式在大白天只能暫時減緩敵攻擊速度。當魚雷耗盡，近距火砲被敵反火砲兵力壓制住時，航母將危在旦夕。我方以3艘護航艦艇被擊沉、4艘被重創的代價為3架「塔菲」特混編隊的艦載機提供了抗擊的時間。臨近日艦的「塔菲3」號抗航航母特混編隊在日艦重火力攻擊下向南撤離，靠近敵方的「甘比亞灣」號航母已被擊沉，其他5艘護航航母也被擊中或重創。

金凱德少將命令萊特灣內的第七艦隊整編向萊特灣東部出口進發，以最快速度從萊特灣突圍，與日本海軍決戰，編隊巡洋艦和驅逐艦要立即以最快速度整編為戰鬥隊形，並且當務之急是清點剩餘的穿甲彈。因為在夜晚的「蘇里高」戰鬥中大部分穿甲彈已經耗盡，彈倉內剩餘的多是用於對岸火力支援的高能彈。戰列艦上14英寸和16英寸的高能彈主要能對大型日艦的外部設施造成損傷；而穿甲彈則能穿透甲板引爆彈藥庫和機電艙。聽著通話器內金凱德的通報，我能夠感受到將軍的擔憂。編隊彈倉內的穿甲彈與金凱德所期盼的打一場大戰所需要的數量似乎相差甚遠。

「本尼恩」號以30節的速度向北進發，與編隊會合時，編隊內又編入了新的驅逐艦。此時，只有部分船員留在戰位上，三分之一的人擁擠在甲板上領取煎餅和黑咖啡。

當首批戰艦從萊特灣突圍時，「耶和華」無線電通過通話器通報，「塔

菲」編隊指揮員斯普雷格少將通知日艦已經解散，180度轉向，全速駛向聖貝納迪諾海峽，明顯要撤離萊特灣海域。對於他們如此接近我們並有機會摧毀護航航母編隊，卻又出此舉，我們大為不解。他們不得不擔心會被哈爾西少將的「快速航母打擊大隊」堵截。由於缺乏有效的空中掩護，如果哈爾西少將的俯衝轟炸機和魚雷機在狹窄且不便於規避的菲律賓群島海域對其進行攻擊，那麼日艦確實將遭受巨大損失。另外，驅逐艦的魚雷攻擊也打破了其戰術聯合，在「塔菲」護航航母特混編隊的海空兵力的聯合打擊下，3艘日本重型巡洋艦被重創。我們的航母大部分沒有損傷，只有1艘航母和3艘護衛艦船被擊沉。但是顯然，即將到來的哈爾西少將的「快速航母打擊大隊」逼退了日本重型戰艦，挽救了薩馬島命懸一線的「塔菲」編隊。

塞繆爾·埃利奧特·莫里森是後來才寫了萊特灣之戰，包括「蘇里高」海峽之戰、「薩馬島」的「塔菲」特混群戰鬥、萊特島美軍登陸戰鬥，並駁斥日本空襲駐紮於萊特灣部隊中的無掩護運輸和補給艦船是海軍歷史上最偉大戰鬥的說法。「蘇里高」海峽之戰是美國水面艦艇部隊最後一次在無飛機參戰的情況下的作戰，是一個時代的終結。

這是我職業生涯中的里程碑。一周之後，我由於參加飛行訓練，在萊特灣的密集空襲中，搭乘小艇由「本尼恩」號轉往一艘貨船，開始了太平洋上的漫長漂泊。當我和喬舒亞·庫珀艦長——一位了不起的紳士和偉大的驅逐艦艦長告別時，他說看見我離開海軍驅逐艦他很遺憾。我思考片刻，回答道，待在「鐵罐頭」裡確實有趣味，我非常喜歡「本尼恩」號，它有舒適的起居室和快樂的艦員。但是我不得不前往美國海軍軍官學院並最終實現我成為航母飛行員的夢想，這也是我最後的機會。我半開玩笑地跟他說：「過去的一周，我們24小時內擊落3架『零』式戰鬥機，用艦砲擊沉1艘驅逐艦，用魚雷協助攻擊擊沉1艘日本戰列艦，我想我該嘗試些新東西了。」

庫珀艦長感謝我作為「本尼恩」號槍砲長做出的貢獻，並緊緊抓住我的手，祝我在新的海軍生涯中萬事順心。我轉向一側時，他說：「當你成為飛行

員時，戰爭也該結束了。這些興奮的時光也將隨之逝去。」比起預言家來，他更適合當一名優秀的艦長吧！

我並沒有說出我希望成為海軍航空兵的理由，我認為航母將最終取代戰列艦成為美國海上力量的主力艦艇。通過在「本尼恩」號上3個月的經歷，我得出這樣的結論：戰爭中水面艦艇若沒有空中力量的掩護，在敵人具有空中優勢的情況下是難以生存的。當然，「本尼恩」號因其擊落日本戰機和艦載機的英勇無畏表現而榮獲「總統部隊嘉獎」。「本尼恩」號確實表現出色，每擊落的10架飛機中就有1架是我們的艦砲所為。

航母脫穎而出

第二次世界大戰（簡稱二戰）後不久航母就取代戰列艦成為美國海軍的主力艦。一九四一年十二月七日，日本航母偷襲珍珠港時，就毋庸置疑地證明了航母艦載機作為海戰新支柱力量的效能。8艘駐泊於珍珠港的戰列艦都被日本的空襲擊沉或重創，這是航母艦載航空兵部隊具備致命能力的活生生地例證。兩周後，英國「反擊」號戰列艦和「威爾斯親王」號重型巡洋艦在馬來西亞海域被日本水平轟炸機和魚雷機擊沉，再次證明現代海戰的一個真理：水面艦艇在白天的空襲中不堪一擊。為防止水面艦艇陷入險境，發展水面艦艇空中掩護力量勢在必行。除非有我方空中掩護，否則水面艦艇白天在敵空中力量的控制海域航行是很危險的。由於需要空中掩護力量實施防禦，並利用航母艦載機的攻擊航程和威力，將航母作為編隊進攻性戰鬥部署的核心力量已成為美國海軍的原則。美國海軍將航母編為快速航母打擊大隊或快速航母特混編隊，將航母、戰列艦、巡洋艦、驅逐艦編入特混部隊進行相互支援，還利用航母艦載機實施空中支援，並提供遠程進攻性打擊。

當日本的空襲勢力減弱時，水面艦艇也可在沒有空中力量掩護的夜間活動。一九五二～一九五八年的海軍作戰部部長阿利‧波克將軍，在二戰中擔任

太平洋戰區的驅逐艦中隊指揮員時，就曾率領23中隊的「小海狸」驅逐艦隊（8艘「弗萊徹」級驅逐艦）取得傳奇性的成功。他運用夜間機動同日本水面艦艇部隊在位於東所羅門群島和西所羅門群島之間，瓜達爾卡納爾島和日本海軍基地以西，美國海軍補給站以東的海峽內進行了一系列周旋行動。

快速航母特混編隊

二戰中在太平洋戰場的頭幾個月，在美國特混編隊取得的幾次不同程度的勝利中，其主要戰鬥都是航母對航母的交戰行動，包括珊瑚海海戰、中途島海戰、東所羅門群島之戰、聖克魯茲之戰。美日航母都沒有視距內接觸。今天很多歷史學家將中途島海戰中美國航母特混編隊取得的意義非凡的勝利看作是二戰中的轉折點。此次戰鬥中，美國航母艦載機重創日本航母編隊，擊沉4艘航母，殲滅大量經驗豐富的航母艦載主力航空兵，為後續的勝利奠定了基礎。否則這些兼具技能和領導能力的兵力勢必成為未來航母對航母戰鬥中日本不可或缺的部分。比如說在菲律賓海戰中，美國海軍戰機就為缺乏作戰經驗的日本航母飛行員敲響了喪鐘。

中途島海戰為美國海軍在二戰中太平洋戰場上的勝利掃清了障礙。美國海軍航母「打殘」了日本航母編隊，致使日本在太平洋戰場的進攻暫停。戰事正酣時，美國工業造船廠和飛機製造廠為美國海軍源源不斷地提供現代化的航母和高性能的戰機，填補了早期的損失，並提升了戰鬥力。當時生產的排水量34000噸的「埃塞克斯」級航母一躍成為美國海軍主力戰艦。「獨立」級輕型航母，排水量大約10000噸，最大航速超過30節，可作為航母力量的有力補充。9艘「獨立」級和16艘「埃塞克斯」級航母在戰爭期間交付。

這些現代化的航母對位於沖繩的太平洋艦隊如雪中送炭，若沒有它們，美國特混編隊採取在近距離接近這些日本用於本土防衛的複雜軍事基地行動時將面臨巨大挑戰。日本「神風敢死隊」首次大規模對沖繩發動攻擊時，駕駛航

母艦載機的「神風敢死隊」發動了1400多次的攻擊，但在這種「高效」的人肉「制導導彈」攻擊後，美國海軍最終還是倖免於難。據記載，二戰中儘管有大量的航母被「神風敢死隊」的飛機及其炸彈擊中，但沒有一艘「埃塞克斯」級航母被敵擊沉。

二戰中美國海軍共有110艘不同類別、設計、構造和使命的航母參戰。16艘「埃塞克斯」級航母是艦隊航母的典範，它作為快速航母打擊大隊的核心力量，能搭載60～70架現代化飛機；9艘「獨立」級輕型航母由巡洋艦改造而成，航速快，可編入艦隊的快速航母打擊大隊組成特混編隊，其艦載機包括F-6F「惡婦」和TBM「復仇者」戰鬥機。

護航航母

早期的護航航母都是由油輪或貨輪改造而成的小型航母，擔負大西洋的護航任務。其艦載的「野貓」和「復仇者」戰鬥機主要執行搜尋和攻擊敵潛艇的任務，是挫敗德國潛艇威脅、贏得大西洋海戰勝利的關鍵。這些成功改造的小型「商船航母」促進了50艘「升級版」護航航母的製造，這就是眾所周知的「卡薩布蘭加」級航母，由美國工業天才公司「亨利‧J.凱撒」公司批量生產。二戰結束時，還有19艘「科芒斯曼特灣」級護航航母，部分投入使用，部分在建。

太平洋戰場上，在岸基航空兵從日本所修的跑道上起飛前，護航航母主要用在實施兩棲攻擊的同時或稍後對登陸部隊實施空中支援。艦載機主要是FM-2「野貓」戰鬥機和TBM「復仇者」轟炸機。

「野貓」戰鬥機由通用汽車公司生產，定為FM-2型。在同「零」式戰鬥機的對抗中，它的性能不如F6F「惡婦」和F4U「海盜」戰鬥機，但能應對日本的轟炸機和魚雷機，尤其是應對被「神風敢死隊」暫時徵用的老式日本飛機。

「本尼恩」號是早期為數不多的具有「對空引導組」的驅逐艦之一，可

引導護航航母艦載戰鬥機執行戰鬥空中巡邏任務，以掩護海軍力量在38特混編隊和58特混編隊防區外行動。例如，護航航母艦載機可執行對兩棲登陸部隊、護航補給艦船、對岸火砲試射編隊以及警戒艦提供掩護任務。當警戒艦艇和火力支援艦艇對兩棲登陸部隊實施對岸直接火力支援時，處於警戒位置的「本尼恩」號可引導「野貓」護航航母艦載戰鬥機為水面特混編隊提供空中掩護，並引導了100架次的戰鬥機對日本轟炸機和「神風敢死隊」實施空中截擊。在「本尼恩」號驅逐艦對空引導員的密切引導下，有30～40架「野貓」戰鬥機能擊落80%的日本空襲戰機，扭轉了攻擊形勢或最大限度地打亂了敵編隊進攻部署，確保艦載防空火砲能應對殘餘的力量。

調至海軍航空兵

一九四四年夏天我收到父親的來信。他時任美國海軍海上最大的軍艦「依阿華」級戰列艦艦長，上校軍銜。一九四〇年該艦下水時，它是美國海軍最具實力的軍艦，航速可達32節，裝甲厚度16英寸，9座16英寸艦砲，6座5英寸雙管艦砲。父親在信中提出這樣的建議：他推薦我進行飛行訓練並盡快成為一名海軍飛行員。這些話從一個一生都在驅逐艦、巡洋艦、戰列艦上工作的海軍軍官口中說出，讓人有些不習慣。二戰中，在任「依阿華」級戰列艦艦長前他還出任過驅逐艦分隊長和驅逐艦中隊長。他被編入過38特混編隊，參加過菲律賓海戰。這次海戰對於美國海軍是一次重要的勝利，但雙方艦艇都沒有視距內接觸。作戰的主角是航母艦載機。雖然「依阿華」身披重甲，但是它的作用是以5英寸雙管艦砲、40公厘速射砲，以及20公厘機槍為哈爾西的38航母特混編隊提供近程防空。二戰中，「依阿華」級戰列艦的首要作戰任務就是編入38航母特混編隊或58航母特混編隊執行類似任務。正如我父親所說：「太平洋戰場是航母的天下，美國海軍的未來屬於海軍航空兵。」

一開始我在關於飛行訓練的事情上猶豫不決，因為我覺得在驅逐艦上待得

挺好，艦長也許諾我待在這個「鐵罐頭」裡會大有出息，但是父親的來信讓我痛下決心。我進行飛行訓練的申請書不久也寄往學院。

一九四四年十一月七日，我從塔克洛班港(在萊特島東北岸)離開「本尼恩」號，踏上「盧克斯」號，開始了漫長的回國旅程，邁向成為海軍飛行員職業生涯的第一步。而「本尼恩」號則駛往仁牙因和沖繩，後來作為少數在日本「神風敢死隊」自殺式轟炸下倖存的驅逐艦，其為在擔任預警艦時2天內擊落18架敵機的出色表現而榮獲「總統部隊嘉獎」。

雖然軍官飛行訓練學員的淘汰率高達25%，但是在杜魯門總統下令對日本投下第二枚核彈前，我的一切都還順利。日本宣布投降，戰爭結束後，大批美軍復員，由士兵變為市民。士兵在立即卸下所有的負擔後，近乎狂喜，但即將離開海軍的職業軍官和士官則陷入迷茫。當大批經驗豐富的操作手和維護人員被有組織地快速撤離回國後，戰車、貨車、飛機、補給品等都被遺棄在美國海外基地。杜魯門總統利用最高權限頒布法令讓大批老兵盡快回國。後來我聽說過很多諸如此類的事情。我的父親，新任海軍少將，負責海軍復員工作。

戰爭結束時，我正在德克薩斯州科伯斯‧克里斯蒂城接受飛行訓練。復員潮並未波及美國本土指揮部，一九四六年一月我順利榮獲飛行獎章。與此同時，航母飛行員資格訓練的所有課程都取消了。我被派進行TBM「復仇者」魚雷機訓練的勞德達爾堡海軍航空站（總統喬治‧H.W.布希兩年前在此接受訓練）的培訓課程時間也縮短為原來的70%。

當重回部隊時，由於原先核心課程的取消，飛行訓練變得更為複雜和嚴格。我被分派到俯衝轟炸機中隊駕駛SB2C-5「柯提斯‧地獄俯衝者」飛機，而不是我接受過基礎訓練的TBM「復仇者」飛機。SB2C的飛行員都不太喜歡該型飛機，將其稱為「野獸」，因為該飛機在飛行時總是潮乎乎的，機械師稱其為「空中漏水機」。該型飛機是同寇提斯‧萊特公司簽訂的合同，由加拿大汽車製造廠生產的飛機的操控性被形容為相當糟糕。然而，比起很多聯合生產的飛機，該型飛機曾重創更多日本的運輸船、軍艦和貨輪。

　　久陷戰爭後，人們普遍厭倦戰爭和妻離子散，復員浪潮後人們普遍認為戰後海軍會資金短缺、人力不足，因此很多正規海軍軍官辭職，形勢一片混亂。所以對於該型飛機，我沒能接受正規的訓練。

　　一九四五年七月，我到位於維吉尼亞州維吉尼亞海灘市的「歐西那」海軍航空站的第三轟炸機中隊司令部報到，該指揮部正為一名後備隊上尉軍官辦理成為正規軍移交手續。除一兩名中尉外，其他的下級飛行員都是不願意待在海軍或想轉為正規軍的後備隊，此時士氣低落，紀律渙散。在我報到的前一周，兩名飛行員私開中隊飛機越過國家空域，不幸死於空難，當時還身著便服。

　　以我在中隊第三的資歷，我被任命為作戰官。但這官並不好當，即便是中隊少尉，其飛行時間也比我長，其他中尉在復員縮編前還在航母上飛過SB2C飛機。令我欣慰的是，副中隊長，1942級海軍學院畢業的少校，早我一屆的師兄，一個月前完成了訓練，而且他曾通過「地獄俯衝者」的作戰訓練。

　　八月的一次避免空中碰撞的常規聯訓操作中，一名飛行員錯誤地將飛機拉到了投彈擋位，造成一周後兩名飛行員因此喪命。第三轟炸機中隊的中隊長因此被召至位於諾福克的海軍指揮部，再也沒有回過中隊。赫伯爾·巴傑爾少校，1941級海軍軍官學校的研究生，一位更成熟的人接替了他的位置。他曾駕駛F6F「惡婦」飛機參加過太平洋戰場的對日航母戰鬥。

　　一周之內，新任中隊長還未調整好中隊形勢，挑戰就再次來臨。一艘航母發了個很短的通告要求我中隊配合進行著艦訓練，但此時第三轟炸機中隊尚未完成準備。從其他航空大隊借調來的實施岸上野外航母著艦訓練準備的信號員，對我們中隊並不滿意，他的簽約期一到便不再續約——一切非常糟糕。

　　一九四六年九月，一個颳大風的星期一早上，第三轟炸機中隊從我們的駐地「歐西那」海軍航空站飛至停泊於維吉尼亞海角海域的航母上集合。我們中一些從未在航母上著過艦的人，在著艦前一天一直在甲板上踱步，並在航母上過的夜。老飛行員成功地在航母上各進行兩次著艦訓練後，新飛行員也鑽進了座艙。飛機停在飛行甲板上，起動發動機，35節的風速震動著甲板，對空指揮

官拿著擴音器（飛行甲板上的通告系統）咆哮著讓新飛行員加速，這一切才算就緒。這過程並不容易，需要扣好降落傘、繫好安全帶和保護繩、插上麥克風和耳機、調好座椅、調好方向升降舵踏板、裝載好地圖、檢查好起飛清單。此時，1800馬力①的發動機以1200轉/分的速度運轉，安檢員調整著飛行員的保護帶，利用擴音器催促其加快速度。在這種情況下，焦慮在所難免，我第一次在航母上進行起降訓練時就差點沒能堅持下來。

不幸的是，身著棕色衣服的安檢員也幫不上多少忙，他在航母甲板上起降訓練的經驗並不比我豐富多少。當他認為我已經扣好安全帶搭扣後，就從「地獄俯衝者」的機翼跳上甲板，消失在島狀物後，留下被塞上塞塊並用鏈子固定住的飛機。

身著黃色衣服的甲板調度主管（plane director）竭力地揮舞雙手吸引我的注意，並示意我滑行至航線副官位置（島狀物前端飛行甲板區域）。當我滑行至飛行甲板中部靠近艦橋位置的起飛點時，起飛信號員在那左手握拳，指示我握住刹車，右手快速旋轉著黃色的小旗指示我加滿速度。

我向前推下油門，轉速指針指到最大的2800轉/分，把速度加到最高。此時，已沒有時間檢查儀表盤上相對次要（比如汽缸蓋溫度和油壓等刻度盤和量表）的數據了。我向航線副官點頭示意後，他右膝蓋下跪，向航母艦艏舉旗示意。

我鬆開刹車，「野獸」的機翼越過跪著的起飛信號員，呼嘯著劃過飛行甲板。當飛機到達艦艏50英尺的距離時，萬無一失地離開了甲板。我飛起來了！我按照首席飛行控制員的指示，收起起落裝置和襟翼。「『刀疤臉六號』，你的信號是查理。你可以著陸。」控制員指示。我用拇指按著油門上的麥克風按鈕回答：「『羅傑大餅』（美國海軍『奇爾沙治』號航母代號），收到信號。」有6架第三轟炸機中隊的SB2C飛機在航母降落跑道周圍，我起飛時前一架飛機剛剛滑過島狀物，它在航母前方逆風飛行了幾英里，左轉彎返回。我要

①1馬力=735.499瓦。

等到它到了我的垂直方向，然後再轉彎掉頭返回（保持適合的著艦間隔），同樣左轉彎順風飛行，同時打開座艙蓋、放下起落架。當位於航母艦艏正舷方向左轉，大約距離航母0.25英里時，我放下著艦鉤，垂下著陸襟翼，降低動力至1800轉/分，螺旋槳降低斜度，準備最大速度的衝刺。當飛機位於大約100英尺高度，以95節的速度30度傾斜左轉彎時，我能從視距內認出飛機降落指揮官。他在左腿上敲擊信號板，給我發加速的信號。我鬆了點油門，準備轉彎並在直線跑道上滑行100英尺直到停止，這時卻突然發現我前面的那架SB2C飛機仍在甲板上。飛機降落指揮官示意我繼續著艦準備。當我準備降落到直線跑道的最後一刻，飛機降落指揮官示意信號取消，同時廣播裡傳出：「信號取消，甲板堵塞。」我只好把油門推到最大，收起起落架，調整好操縱桿，關上座艙蓋，鬆開襟翼，加快速度。

從逆風到順風再到著艦，整個程序又重新來了一遍。這次我動了點心思，與前面的飛機保持了更遠的間隔。我打開座艙蓋、放下起落架、放下著艦鉤、垂下襟翼、拉下操縱桿、注視著飛機降落指揮官。一陣降速、大轉彎、降低高度的信號後，飛機降落指揮官示意我降低斜度，並用右信號板劃過咽喉示意攔阻信號。著艦時有個輕微但是明顯的顛簸。當制動鉤鉤住穿過甲板的攔阻索時，我向上猛地震了一下，尾鉤掛住攔阻索了。甲板邊緣操作員收回制動索時，我鬆開了剎車。飛機被拉回了10英尺，靠到攔阻網那兒，以減輕對甲板的衝擊力。身著黃色衣服的飛機主管立即出現在甲板上，從機頭繞到左邊，打著「控制剎車」信號；著艦攔阻鉤人員從鬆開的攔阻索上卸下制動鉤頭。飛機主管打出「向前滑行」的信號，當SB2C離開制動區後，攔阻網重新升了起來。前方是手持黃色小旗的航線副官。30秒後，我再次起飛，並創造了一次成功航母著艦的紀錄。

我再次遵循著同樣的著艦順序：打開座艙蓋、放下起落架、放下著艦鉤、垂下襟翼、拉下操縱桿。遵照飛機降落指揮官的信號，我似乎更加擅長鉤上攔阻索了。我加滿油門，平正好三點高度，忽然「砰」地一聲，然後一陣安靜，

我撞上了攔阻網。攔阻網纏到螺旋槳上時，發動機立刻停止了。頓時世界上最刺耳的撞擊警報聲響個不停。泡沫噴嘴出現在座艙艙口欄板上，穿著石棉防護服的「損管員」隨時準備一旦有煙霧或火苗就立即噴射。戴著印有紅色十字白頭盔的撞擊救護人員立即出現在機翼旁邊。「沒事吧？」他喊道。我回答：「只是我的自尊心嚴重受挫了。」「什麼？」他急切地問道。我跟他說我沒問題，他退了下去，我想有點小失望吧！當我從座艙內被救出來時，飛機的螺旋槳已被清理好，由拖車拖到甲板上的修理庫。所幸「野獸」沒有損壞。我走進艦橋時，遇到了我的新中隊長巴傑爾少校，他給了我一個擁抱，說：「別洩氣，吉姆，只有兩種航母飛行員，撞上攔阻網的和即將撞上的。」他讓我在待命室坐下喝杯咖啡，接著說：「攔阻網並不能說明一名飛行員的水平，另外，下午你還能飛行，會有超過4次的制動著艦機會。飛行指揮室見。」

檢查過後，我發現飛機除螺旋槳變形外一切都好。喝過一杯咖啡減壓後，我沿著干舷到達航母著名的飛行指揮室。它很狹窄，位於航母島狀物第一航空控制站尾部，由玻璃圍成，高出飛行甲板60英尺。對空指揮官和他的兩名副手站在那裡負責調度的飛機甲板上。飛行指揮室裡的看客倚著護欄在觀看，當然也在評論著飛機的著艦飛行。我爬上3層樓梯，擠進人群與中隊長會合。突然緊急高音喇叭以一種不祥的聲音響了起來，擴音器裡傳出聲音：「飛機落水了！」我問巴傑爾發生了什麼情況時，還能看見距艦艉100碼的位置露出SB2C-5的機尾，並快速下沉。他回答：「一架『地獄俯衝者』失速衝出了著艦區，掉進了海裡，看起來飛行員還沒有出來。」再看時，飛機已全部沉入海中。飛機的警戒驅逐艦到達事發地，減速倒船，放下一艘小艇。對空指揮官取消了後續SB2C飛機的著艦計畫，讓它們在1000英尺高空會合併圍著航母盤旋。航母並未因此減速。出事飛行員是第三轟炸機中隊的少尉，剛從飛行學院畢業並獲得飛行資歷章，與我同一周到中隊報到。

巴傑爾穿過飛行指揮室的人群去了艦橋的航海室，向艦長報告情況。我詢問站在身邊的上尉飛行員事故原因，他說著艦位置低了一些，速度也慢了一

些。飛機降落指揮官指示他增加著艦傾斜角度，避免超過著艦直線跑道，並加大油門。飛行員回了信號，沒來得及加大油門，機頭已大角度上揚，造成飛機失速，使他不能加大油門，造成打滑。以95節的速度從60英尺的高度著艦難度太大了。他肯定都想不到鬆開他的座帶和保護繩離開飛機。

飛行指揮室前方，對空指揮官在艦橋信號臺上插了一面綠色的信號旗，上面印有「F」字樣（表示該艦正在執行空中行動）。擴音器裡傳出聲音：「清理甲板，飛機準備著艦。」對空指揮室重複了命令，4架SB2C飛機以間距300英尺的密集單縱隊在航母右舷上空飛行。它們都放下了著艦鉤。第一架飛機經過航母艦艏時，急速左轉，接近著艦道，一開始還比較正常，不久飛機就駛出末端攔阻區一段距離。最後時刻，飛機降落指揮官指示飛行員降低高度左轉，與著艦區保持航線平行。當飛機到達飛行甲板尾端時，飛機降落指揮官發出攔阻信號，但是飛機高度太低了，當機頭到達攔阻區時（我都能看出距離過了），左邊輪子點了一下甲板後，飛機立刻右轉重新回到空中。當飛機再次放低機頭，揚起機尾，重新回到甲板時，著艦鉤未能鉤上攔阻索，「地獄俯衝者」撞到距航母右舷5英寸的艦砲底座上，機頭卡在了雙管5英寸砲管中間。瞬時零件四處橫飛，巨大的、以1000轉/分旋轉的螺旋槳瞬間支離破碎，充斥著高辛烷的航空燃油箱頓時燃起巨大的火球。肇事飛行員被匆忙救離現場，但火勢沖天，穿著石棉防護服的「損管員」被熱浪逼得節節後退。肇事飛行員名叫比爾·斯比格爾，是第三轟炸機中隊副中隊長。至於他是如何解脫座帶和保護帶的糾纏，從機翼跳到甲板上，不得而知。但即便他奇蹟般地逃脫了，短暫暴露在熱浪中還是造成了他臉上和手上的燒傷。

10分鐘後，中隊長從醫務室探望受傷副隊長回來後，在空勤人員待命室召集其他第三轟炸機中隊人員。航母艦長取消了今天的空中演練，因為到處都是冒煙的廢墟，航母上的殘骸有待清理。巴傑爾告訴我們：「比爾沒有生命危險，但嚴重燒傷，要在醫院待上一陣子，副中隊長一職由吉姆·霍洛韋擔任。」沉默一陣後，我逮住巴傑爾把他叫到一邊，對他說：「我只是一個剛獲

得飛行資歷章的上尉，副中隊長至少需要經驗豐富的少校擔任。」巴傑爾回答：「吉姆，我們需要的是專業的海軍軍官，而不是經驗豐富的飛行員。我們需要在中隊嚴整軍紀，強化服從意識。你當副中隊長可以很好地協助我，同時，你的飛行時間和飛行經驗會逐漸增加，我相信你一定能行的。」

我以一名上尉的身分當上了第三轟炸機中隊副中隊長，這不是我首次越銜任職，也不是我最後一次因為直接上級傷亡而被提拔晉職。我在中隊任職期間，第三轟炸機中隊從「復員潮」後的創傷中迅速恢復，再也沒有出現飛行員傷亡事件。一九四七年第三轟炸機中隊隨「奇爾沙治」號航母部署到北大西洋和加勒比海第二艦隊；一九四八年編入第3航空大隊隨「福吉谷」號航母部署到地中海第六艦隊6個月。作為全球戰略性方針的需要，航母在第六艦隊的部署是航母戰略部署的開端，並持續整個冷戰時期，一直到二〇〇二年。

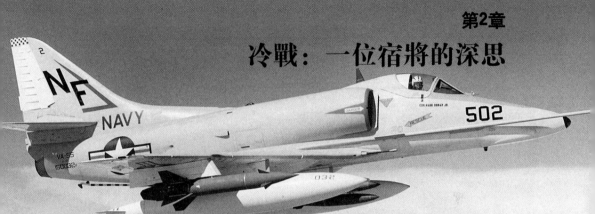

第2章

冷戰：一位宿將的深思

　　美國及其同盟國贏得了二戰的勝利，一切終歸圓滿。軸心國敵人，德國和日本無條件投降。戰後多年內，我們的盟國大多耗盡了精力，軍力衰竭，經濟凋敝。他們的家園被侵略者的武裝部隊和轟炸機踐踏得千瘡百孔。同其他交戰國不同，美國本土沒有遭到敵國部隊的踐踏和航空兵的轟炸。所以美國成爲世界上最強大的國家，而且戰後獨家擁有原子彈。

　　二戰的廢墟中冉冉升起了另一個威脅，它不是新的敵人，但卻是危險的對手，它對於美國的敵意暫時讓那些共同的、更直接的法西斯軸心國的威脅爲之暗淡。這個敵人就是蘇聯。後來著名的「冷戰」就是東西方意識形態的對抗。

蘇聯的威脅

　　歷史由時間和事件構築。一九四六年三月五日，溫斯頓·邱吉爾在密蘇里州富爾頓的「鐵幕」演說名義上標誌著冷戰的開始。但大多數歷史學家認爲，在數十年布爾什維克革命和蘇聯發展的進程中就已埋下冷戰的種子。蘇共總書記約瑟夫·史達林將資本主義和西方民主描繪成共產主義的致命敵人。

　　一九四六年三月五日即便不是事實上的冷戰的開始，它也是號召西方勢力武裝起來的開戰聲明。在這場西方與蘇聯的大規模鬥爭中，美國人民危機重重。在對抗的40多年內，美國及其人民一直處於被蘇聯核武器滅絕的威脅之

下。二十世紀七〇年代，蘇聯估計有12000枚核彈頭對準美國。據參謀長聯席會（簡稱參聯會）評估，若雙方發生核互攻擊，0.8～1.3億美國人將殞命。

在與蘇聯的冷戰中，從參加朝鮮戰爭開始，美國就一直扮演著公認的、自由世界領導者的角色，就跟二戰時對抗軸心國一樣。

儘管美國在朝鮮戰爭的僵局以及在越南戰爭的損失，看起來不盡如人意，但是，作為一名參加過兩次戰爭的老兵，今天我才明白真相：美國在與蘇聯的四十年對抗中，一直占上風（對抗牽制了美國在兩次戰爭中的實力）。在那段時間，蘇聯沒有派兵進攻北約和日本盟軍（北約是現代歷史上維持時間最長的多邊協作組織，組織中的成員都是自由國家）。蘇聯沒有攻擊西歐；北朝鮮也再沒有攻擊韓國。

另外，今天我敢拍著胸脯說：美國的領導及軍事力量不負重望，最終贏得了冷戰的勝利。在這場四十年的對抗中我親歷了武備技術的革新——熱核武器、洲際導彈、噴氣式飛機、核潛艇，並且這些例子只是不斷革新的戰爭基礎武器的一部分。我見證了軍事領導層在我們的作戰部隊中高效整合這些新型的可全球投送的強大武器，並限制蘇聯影響力的擴散；同時，避免了將現代文明置於被常規核戰爭毀滅的邊緣。

在我退役後的幾年裡，我開始明白在始於二戰後，持續四十年直到一九八九年蘇聯解體才告終的冷戰時期，朝鮮戰爭和越南戰爭在更為巨大、更為孤注一擲的對抗中，確實非常成功。蘇聯才是整個冷戰時期我們真正的敵人。蘇聯龐大的軍力，足以控制和占領西歐；和我國並駕齊驅的核軍工廠足以毀滅我1億人員並逐步摧毀我們的工業經濟。雖然，這段時期內我們同北朝鮮、中國、越南民主共和國交戰，但這些國家並沒有對我民族存亡造成直接威脅。只有蘇聯有能力對美國的存在造成挑戰。

冷戰40多年中，我逐漸明白我們的基本安全哲學的連貫性，它是如此合乎邏輯且易於理解：我們的首要敵人是蘇聯，我們的政策是應對蘇聯的進攻，不管這種威脅來自蘇聯本身還是其代理人的軍事行動。我所服務的軍事組織是用

來擊敗蘇聯發起的所有形式的戰爭的，不管是有限性戰爭或全面的核互攻擊。鑑於蘇聯是我們全球最大的對手，用於牽制蘇聯的軍事手段，同樣適用於其他對手。

核平衡戰略

一九五七年，我率領的A4D-2「天鷹」第83攻擊機中隊被指定為首批核打擊力量，我正式成為國家核力量中的一員。作為一名飛行員，我的任務是對歐洲一個具體的目標實施熱核打擊。在任務的驅動下，我逐漸熟悉這種可怕的毀傷性武器，並對我們生產具有可怕毀傷能力的核武器和氫彈，並逐步改進、增加藏量的兵工廠充滿敬意。我們都知道，它一旦爆炸，將摧毀世界文明。

我軍旅生涯的最後歲月都生活在這種世界末日的潛在威脅下。起初作為一名飛行員時，我的任務就是扔核炸彈，完成訓練任務，並帶領其他飛行員完成這項嚴峻的任務。當艦長時，我的艦艇彈倉可儲存約「100枚」核彈；後來成為參聯會的海軍將官時，我的任務包括同國防部部長探討核武器條款，同時，我還作為美國總統在作戰行動中對敵動用核武器的顧問。後來我還同總統凱爾一起，在五角大樓作戰指揮室進行的戰地指揮所演習中擔任指揮員，模擬危機時運用核及熱核武器對蘇聯武裝部隊進行核打擊的程序。我看過多次比基尼島氫彈試驗的影片，對環礁內的衝擊波能影響到潟湖內錨泊戰艦的鏡頭深有感觸，因此對於計畫核戰爭的各個方面感到不寒而慄。

冷戰開始時，覈實力的天平完全倒向美國一邊。美國在二戰中對日本使用了兩枚原子彈，在蘇聯擁有第一個核設施前，就一直在研製其他更加精良的武器。但史達林決心迎頭趕上，並將研製核武器作為第一要務。從起步開始，蘇聯就幹得不錯。在我們成功於新墨西哥州阿拉摩哥多進行原子彈試驗的四年後，蘇聯第一顆原子彈爆炸了；他們的氫彈爆炸只比我們在比基尼島的氫彈試驗晚9個月。一九六四年美國有6000枚核武器的庫貯量，二十世紀七〇年代中

期，蘇聯迎頭趕上。儘管兩個超級大國在炸彈、導彈、火箭、彈頭、再入運載工具、發射系統方面有所區別，從有效毀傷能力上看，蘇聯已達到那時我們所指的本質上相當的水平。

三個打擊平臺

儘管冷戰中美國的核戰略經歷了一些變革，但是我們核戰略立場的一些要素本質上是相同的。我們的核戰略基於三個打擊平臺：有人駕駛轟炸機、陸基洲際彈道導彈以及潛射彈道導彈。在參聯會中發揮重要作用的軍隊將領都認為三個要素需要相輔相成，不可偏廢。三個打擊平臺各具優勢，當合在一起時，可產生能力巨大、毀傷力超強、無懈可擊的力量，讓蘇聯無招架之力。

攜帶核彈的有人轟炸機，共計17架。優點是擁有百萬噸級的攜帶能力，並且能夠攜帶核彈從甲板上起飛，保持空中警戒，直到危機解除再召回。缺點是轟炸機基地易受彈道導彈攻擊；飛機飛往目標途中，存在被擊落可能。

陸基導彈主要優勢是近乎實時的反應能力，其導彈發射井遍布美國大陸，並直接與國家指揮當局聯通，到達發射點主要依靠陸路運輸——直接、安全、可靠。缺點是這些導彈發射系統的導彈發射井地理位置固定，易受敵導彈攻擊，會在敵預先突然打擊中被破壞。二十世紀七〇年代，授權部署的導彈總量大約在1300枚。

潛射彈道導彈系統的特性使得它最不容易受到攻擊，因此成為戰略制衡的關鍵部分。並不是說潛艇就無懈可擊，但是當潛艇收到發射指令後，沒有一方有能力阻止全域部署的彈道導彈核潛艇實施的飽和攻擊。美中不足的是對潛射導彈部隊的通信相對滯後。潛通信主要依靠甚低頻無線電信號，該信號可穿透水下300～400英尺，但傳播的時間非常漫長。為確保信息100%準確，就需要低速度高次數地反覆發送信息，所以潛艇需要數分鐘才能收到授權發射的指令，而不是幾秒鐘。

事實上潛射平臺確實是三個打擊平臺中最不易受到攻擊的，而且是唯一不易受到攻擊的發射系統，因此，它成爲雙方發起預先核打擊的主要威懾力量。隨著多次再入運載工具技術的發展，潛艇部隊具有了攜載百萬噸導彈的能力。例如「三叉戟」導彈潛艇，可攜帶24枚「三叉戟Ⅲ」型導彈，射程足以從美國本土港口攻擊蘇聯的目標。另外，每一枚導彈都有多枚子彈頭，每一枚彈頭都可獨立攻擊目標。冷戰結束後，18艘「俄亥俄」級「三叉戟」彈道導彈潛艇上的百萬噸級導彈大約占了三種發射平臺核存儲量的一半。

除了儲存的用於攻擊對方主要軍事目標、大型工業中心、人口中心的戰略核武器外，兩個超級大國都在發展小型的、便攜的，但毀傷能力不相上下的「戰術核武器」。美國軍隊的主要武器包括：核地雷、核砲彈、近程的核火箭彈。美國空軍還儲存了一系列用於戰術級戰鬥機使用的核彈以及熱核炸彈。美國海軍幾乎每個主力作戰單元都有核武器發射能力：攻擊型潛艇有核反艦火箭彈、巡洋艦可使用核防空導彈、海上巡邏機可投放核反潛深彈、航母艦載攻擊機在實施空中打擊時可攜帶核彈及熱核炸彈。美國海軍的政策中故意沒有明確這些核武器在具體時間內，是否裝在了某艘特定艦艇的彈倉內，只承認哪些艦艇或中隊有能力投放核武器；而對具體時間內，哪艘艦艇裝備核彈頭則避而不談。

核安全

大量各種型號的核武器裝備於各個作戰部隊，因此涉及直接核部署的部隊對控制和啓用核武器以及防止無意使用的安全系統需要高品質的保證。該系統必須設計精良、執行嚴密。我甚至可以說我們對蘇聯的核武器控制系統有信心，因爲但凡一個知道這種可怕的炸彈威力的理智的人，必定對其安全系統有嚴密的設計。

當我還是美國海軍作戰部部長時，在我們委婉地稱作「國際海洋會議」的

軍事會議上，我有兩次機會與俄羅斯海軍作戰部部長會面。一次是一九七五年在奧斯陸會見俄海軍上將高爾察克，一次是一九七七年在赫爾辛基會見俄海軍上將斯米諾夫。在這兩次表面上討論海洋安全的會議上，蘇聯將軍都在會議進行沒多久後，很誠摯地邀我單獨會談，強調我們軍事領導必須防止政客們做出使用部隊實施核戰爭的舉動。用他們的話說就是：「沒有贏家──除非可能是中國。」他們也表現出了對有效核安全的強烈關注。

因為涉及到陸、海、空三軍的力量，美蘇雙方常規軍事力量的平衡比較難以定論。拿陸軍來說，蘇聯具有巨大的軍力優勢。蘇聯共有179個野戰師，而美國的野戰師卻不超過9個。然而僅僅根據這些原始數據進行比較，未免有些負面。因為美國的野戰師普遍規模更大、裝備更好、訓練更有素。除此之外，一部分的蘇聯野戰師被限制在中蘇邊境，一部分部署在歐洲衛星國家。而我們將北約的地面部隊，尤其是聯邦德國的部隊加起來，就可緩解這種不平衡的局面。然而，縱觀整個冷戰時期，蘇聯依舊在地面部隊規模方面保持絕對優勢。

美國從未與蘇聯的主力部隊進行過直接交戰，雙方對此盡量保持克制。由於錯誤的估計，這種對戰爭的克制轉化為一種廣泛的被兩個超級大國認可的衝突，並且由於涉及軍隊，這種衝突就顯得格外突出。然而，正如我們在朝鮮和越南戰場上應對主要由蘇聯軍人隱蔽駕駛的米格戰機和祕密操控的地對空導彈一樣，我認為國會合美國國防部部長辦公室反覆強調的美軍必須能夠有條不紊地應對蘇聯的首波攻擊是非常重要的。因為這些與我們不相上下的攻擊武器代表了一定的技術水平。我們的軍事決策者必須考慮到美軍在應對第三世界的危機時蘇聯的武器客戶也可能擁有的先進武器裝備。因此，我堅持認為海軍不能被動地接受性能次先進的武器系統，因為國防部部長辦公室假定的我們的敵人就是第三世界國家。

鑑於蘇聯的作戰理念更強調作戰原則而不是具體的手段，其武器系統作戰效能總體能與我們相當。譬如我們會煞費苦心地運用特殊裝甲車輛和作戰工兵來排雷；而蘇聯呢，正如他們的一位軍官所描述的那樣，「換成排行軍

通過就好了」。

蘇聯主力的戰車和火砲，都設計精巧、現代化程度高、做工優良，並且非常耐用。蘇聯的飛機做工粗糙但易於維護；雖然外部戰鬥裝備幾乎不進行精加工，但是發動機強勁。米格-25能在6700英尺的高空以馬赫數3的速度飛行，比我們所有戰術級戰鬥機都飛得高、飛得快。蘇聯後來發展的攻擊型核潛艇，速度相當快，潛深也空前的大。為達到如此優越的性能，他們減輕了核推進裝置的防護層，造成了艇員核輻射病的高發病率。

蘇聯的地對空導彈性能尤其先進，在越南戰爭河內海防區，使美國飛機造成重大損失。第四次中東戰爭（贖罪日戰爭）中阿拉伯聯軍手中的蘇聯製造的「薩姆」防空導彈也讓以色列空軍損失慘重。對抗開始後兩小時內，在敘利亞開始使用「薩姆」防空導彈後，以色列首波就損失30架戰機，其中主要是由美國製造的A-4「天鷹」和F-4「鬼怪Ⅱ」戰機。

我得出結論：冷戰初期，蘇聯的戰略決策者深知北北約、日本和我們的其他盟國需要依賴海上交通線；就跟一戰和二戰中的德國一樣，蘇聯也決心利用這一弱點。他們運用現代海上科技，構築了一支現代化的遠洋航行力量以挑戰美國：核動力潛艇、水下發射的導彈、超聲速海上攻擊機、艦基/空基/潛基的遠程反艦導彈（大多也是超聲速的）。在我看來這樣才合乎邏輯：現代化蘇聯海軍的構想、設計、建造、組織，其目的都是為了擊敗或壓制美國海軍。

不難理解，正是蘇聯的地緣政治形勢促進了蘇聯海上戰略的形成，而海上戰略則造就了蘇聯海軍。蘇聯的領土橫跨歐亞大陸，東南部與中華人民共和國相接壤，因此它必然深憂中國的威脅。領土西部，遍布「華約」的緩衝衛星國。與大陸相接再往西邊，就是「北約」的西歐國家，蘇聯無疑也覬覦這些國家。

作為一名軍事籌劃者，我總結蘇聯可能要抵禦來自中國的威脅，支持華約同盟國進攻西歐，但無法從陸上越過主要水道，因此他們必須構築世界上最強大的海軍。為什麼呢？因為只有這樣才能對抗和擊敗美國海軍，拒止其同盟控

制海洋，促進西方勢力的海上戰略迅速崩潰。

在我四年海軍作戰部部長的任期內，我堅持主張海軍要想在公海的一些海域擁有絕對的控制權，就需要執行「海上集體前沿存在戰略」下的一些作戰部署。沒有所謂廣泛的海上優勢所達成的「海上霸權」，我們的戰略就會失敗。

一九七八年我退役時，我希望我的臨別評論能有所警示。我提醒我們必須擁有強大的海軍，我們在維護海上霸權地位上一旦失敗，就可能造成可怕的後果。國防部部長辦公室公共事務委員會一位負責政策修訂的官員看過我的評論後，刪除了「霸權」一詞，以「均衡」來代替。「霸權」被認為太具有侵略性或者可能有煽動性。後來，五角大樓「E-ring」（NBC連續劇裡為五角大樓的外部部門所起的綽號，主要負責制定與國家安全相關的政策）裡的一些聰明的年輕海軍隨從參謀傳播了一份不能當真的備忘錄，當中建議美國海軍軍官學校學員旅敦促足球隊，在一年一度的陸軍與海軍的足球賽中的歡呼應喊「聯合陸軍」。我修改了我的手稿，但堅持我的評論。

海軍均衡

在我看來，海軍均衡代表了一種相當重要的對比，因為它令人信服地展示了蘇聯在國家力量的每一個方面都超越了美國的決心。二十世紀四〇年代冷戰開始時，蘇聯海軍只不過是一支沿岸警衛隊，一支作為蘇聯紅軍的側翼掩護的近岸部隊。

古巴導彈危機後，蘇聯的海上實力充分顯露出來。在戈爾什科夫將軍的領導下，蘇聯雄心勃勃地開啟海軍的建設工程，不到三十年的時間就建造了一支足以挑戰美國海軍的力量。一九七三年，美國海軍作戰部部長稱蘇聯海軍是「世界第一」雖有些過頭，但他想表達蘇聯在扭轉美國海上主導地位上確實有所成效。雖然這種觀點沒有得到國防部部長辦公室、參聯會以及後來的海軍作戰部部長的共識，但它卻是一九七三年海軍部在國會開會之前公開場合爭論的話題。

　　「紅色海軍」在三十年內取得長足進步，這的確屬實。但是，一九六七年我作為五角大樓作戰部主任時，我得出一個觀點：在戰艦總數上蘇聯的確勝過美國，他擁有超過1000艘戰艦，而我們不到400艘；但是我們擁有15艘攻擊型航母，蘇聯一艘也沒有。航母力量上的區別，足以讓美國海軍保持絕對海上霸主的地位。

　　一九七八年二月八日，在國會會期前的年度「形勢分析報告」會上，面對眾議院武裝部隊委員會關於蘇聯海軍威脅的直接質問，我聲明，在與蘇聯進行常規戰爭的情況下，我們的海軍難以在西太平洋保持海上優勢，我們最多能維護和日本之間的軍事海上交通線，但要確保商業運輸線路的暢通則不太可能。雖然支持北約是我們的首要任務，但隨著我們海軍實力的下降，我們就可能成為「一洋海軍」。

　　聲明引發了波動。日本政府高層將問題直指國務院。國防部部長哈羅德・布朗親自公開回應日本：不否認我的聲明，但國防部正轉移部分海軍力量到太平洋艦隊以扭轉這種局勢。

　　從我作為海軍部部長的視角，首先要考慮的是蘇聯海軍不斷增加的威脅。我們必須接受的事實是，如果美國不能維持足夠的海上優勢，保護與盟國的關鍵海上交通線以及海外駐守的部隊，那麼「集體前沿存在戰略」就會名存實亡。冷戰的大部分時間內，美國在德國和韓國保持四個陸軍師的海外駐軍，一個海軍陸戰隊師駐日本。一旦有衝突，這些部隊以及我們北約盟國的部隊就會得以加強和再補充。剩下的陸軍師和海軍陸戰隊地面部隊則駐守美國本土，一旦戰事需要，這些師則可以投送到海外，「跨大洋的美國」是這種加強和再補充的力量源泉。

　　年度「形勢分析報告」會上的聲明在政府內部廣泛散布，即使它沒有被引用或者被國防部的官員承認，我還是秉持這種邏輯。我認為國防部部長辦公室要力圖避免在幾個軍種中進行「角色和使命」的攤牌。如果國防部部長正式確認海軍的「海洋戰略」定位，這種攤牌必定引發軍種間的爭執。所以官方將其

稱為「集體前沿存在戰略」。

海上補給

　　冷戰時期的年度「形勢分析報告」會上，參聯會一貫宣稱：「在主要海外部署區，海上補給承擔了運輸大約95%的乾貨、98%的成品油的任務。」以我對作戰策劃的分析，美國機械化程度和火力全仰仗海上補給。實施首輪攻擊的美國陸軍和空軍需要一定數量的作戰消耗品，例如油料和彈藥；有重裝備的裝甲師和全天候作戰飛機需要加強和再補給，這些補給必須來自海上。例如，10萬噸的船貨可以滿足部署一個機械化師的需要，因為實施海外部署時，一個師就可能每天需要1000噸的貨物，才能維持其運轉。

空運

　　空運用來為預先部署的裝備快速投送兵力並快速投送少量的關鍵補給品和物資。但作為參聯會的一員，我不得不指出空運在運輸總量方面嚴重受限，而且也不便運輸超大型的裝備。現代陸軍大量成建制的裝備是戰車、推土機、便攜式橋樑、直升機、戰車修理車，這些裝備都不適合空運。通過我的計算，一個現代化集裝箱貨運船的貨運量等同於150架C-5運輸機（這是空軍最大的飛機）的貨運量，而冷戰時期，空軍C-5運輸機的總量不超過75架。

　　空運使用的燃油非常昂貴。參聯會應該在這方面深有感觸。一九七三年第四次中東戰爭中，對以色列地面部隊的再補給成本是，從美國運送1噸航空燃油到以色列需要耗費7噸的燃油。

空軍在冷戰中的作用

　　在蘇聯運用與核武器相對的常規武器進行的常規作戰中，有人駕駛飛機的

主要作用就是掩護地面部隊作戰，尤其是在美蘇兩國大量囤積兵力的歐洲。最可能的海上常規作戰是敵潛艇阻斷我海上交通線，以及美國的巡邏飛機及潛艇進行的相應反潛戰。也有可能會有一些航母戰鬥行動，主要在西太平洋海域，但主要的戰鬥還是可能發生在歐洲的北約國家。

然而據判斷，蘇聯政治集團在和北約之間的常規戰爭中，可能會以先發制人的核襲擊開始。使用常規武器進行的常規作戰也可能迅速升級為核對抗，一方會先發制人地發動核攻擊，這樣可在首輪攻擊中最大限度地解除敵人武裝，獲取巨大的優勢。而美國會首先使用空軍駕駛戰略轟炸機對抗蘇聯。在核對抗的情況下，雙方都會使用空投戰術武器突擊地面部隊以及戰區空軍基地。

朝鮮戰爭就是一個在有限性常規作戰中使用空軍的好例子。仁川兩棲登陸後，北朝鮮的部隊節節敗退，退出韓國，然而朝鮮戰場戰事遠未完結。當聯合國軍部隊將朝鮮軍隊逼至中國邊界，完全占領北朝鮮時，中國軍隊跨過鴨綠江參戰。聯合國軍部隊數量眾多，遍布朝鮮半島，戰線拉得太長，前後不便支援，被迫撤退，最終在美軍支援下重整旗鼓，穩守韓國和北朝鮮原先的分界線——三八線。而正是美國空軍將聯合國軍部隊從潰敗的邊緣上挽救回來，它們幾乎完全擁有戰場制空權，對美國領導的地面作戰師實施近距離空中支援，保證了其與中國軍隊對抗至戰爭結束。空軍的戰術運用，加上海軍的航母、登陸後的陸戰隊有效抗擊了中國軍隊。正是由於空中力量的運用，為避免白天被空中力量發現，中國軍隊只能利用黑夜和不良天候機動。

隨後的越南戰場上，又是空軍起了決定性的作用。這次有了新的力量，除海軍的近距離空中支援外，海軍陸戰隊和空軍的戰術飛機以及攜帶常規武器的B-52轟炸機投入了使用。美國陸軍和海軍陸戰隊還利用直升機實施火力支援並作為對地面機動的部隊實施攻擊的首要力量，還首次大規模進行步兵的空中投送。然而最重要的是，空軍是美國在與整個東南亞國家對抗行動中，對越南民主共和國使用的唯一力量（除了偶爾的艦艇對岸上目標的火力打擊），是對越南民主共和國工業中心地帶實施空戰的主力，也是最終迫使河內同意停火的原

因。越南民主共和國空軍的關鍵力量是米格-21，這型性能優秀的蘇聯戰機主要對河內發起了數次攻擊。但是在美國空軍的壓倒性優勢面前，米格-21不值一提。真正對美國構成有效威脅，迫使其改變戰術及飛機電子裝備的是蘇聯的「薩姆」導彈陣列。越南戰場上，儘管只有15%的飛機被「薩姆」導彈擊中，但是敵人對我戰術飛機大量齊發的「薩姆」導彈，有效打亂了我打擊大隊的防禦隊形。我們的飛機為避開米格-21的攻擊，只能低空飛行，這樣便成了高射砲和自動火力武器的目標。

前沿存在戰略在世界範圍內的挑戰

我發現很多美國人，甚至是很多具有良好軍事素養的美國人都不能充分理解冷戰中蘇聯政治集團對美國發起的巨大挑戰。為了我們的生存和最終的勝利，我們必須掃除所有這些障礙。

冷戰中，我們軍事領導人經常面臨紛繁複雜的任務。在朝鮮和越南，這些遠離五角大樓，遙遠的讓我甚至懷疑那裡是否與我們同處一個世界的地方，我們在浴血奮戰。我們不僅向遠東派遣主力作戰部隊，而且幾乎構建了所有後勤基礎設施來保障聯軍作戰。美軍不僅和本土的盟軍並肩作戰，還提供大量人力，組織、武裝以及訓練了這些盟軍。這樣才保證了在朝鮮戰爭中，我們最終能夠依據戰前擬制的國家分界線，達成停火協議，而這個分界線開始是北方極力反對的。

當部分美軍在太平洋戰場奮戰時，還有部分美國陸軍和海軍部署在大西洋戰場和歐洲，前沿儡止蘇聯和華沙條約的衛星國越過民主德國平原並跨過英吉利海峽到達北海對我盟國發起大規模的進攻。當我們的常規部隊在西太平洋戰場浴血奮戰時，我們的戰略司令部每分每秒都在為有效應對蘇聯可能實施核攻擊的手段進行報復性核打擊密謀籌劃。

有限性戰爭的戰略寓意

雖然朝鮮戰爭和越南戰爭並未呈現出決定性的輸贏局面，但是我們在這些戰區的行動對執行冷戰時期更廣泛的對抗意義重大。從戰略上看，兩次戰爭對保衛我們的盟友，遏制華約集團的圍堵政策，削弱蘇聯的核儲量威脅都非常關鍵。

正因為有美國公民在朝鮮戰場和越南戰場的參戰，美國才顯示了其遍布世界的決心並提升了我們外交政策的可信度。沒有什麼比當國家關鍵利益受威脅時，美國會奮起抗擊更能顯示決心的了。我們要讓克林姆林宮深信，如果蘇聯進攻我們的盟友，美國將訴諸戰爭。毫無疑問，沒有美國在北約國家的威懾性駐軍這種所謂的「絆網戰略」，蘇聯必定會進攻西歐國家。但是有了朝鮮戰爭的先例，蘇聯領導人深信美國將會以戰爭來履行捍衛對盟國的承諾。最重要的是，我們使蘇聯意識到美國絕對有實力戰勝它，即便它使用核武器。

年度「形勢分析報告」

一九八六年通過的《戈德華特—尼克拉斯法案》意在通過加強參謀長聯席會議主席的職能，促進軍種聯合。配套的措施是設立了一個參聯會副主席。在這之前，國家指揮當局都會將軍種的首腦看成各自軍種的專家。他們各司其職進行戰備。那時候，各軍種的首腦和參聯會主席每年一起準備「形勢分析報告」，這個文件宣布部署形勢、作戰能力、部隊擔負使命的戰備情況。一九七四年我的第一份「形勢分析報告」純屬「模板文件」。我就任海軍作戰部部長時離遞交「形勢分析報告」就只有幾周的時間。剛剛就職，我還得忙著向國會彙報，回答他們有關海軍規定和戰備的問題，沒有時間準備發布任何新行動計畫，所以為了安全起見，我在「形勢分析報告」中只用了些普通的模板。

　　我的第一份「形勢分析報告」以國會第10號法規規定的海軍的使命任務開頭，然後分析了從國防部部長的「形勢分析報告」以及各類綱領文件中搜集整理的國家戰略，接著描述了當前美國海軍的部隊結構，以及它如何實現國家戰略。結束部分也是最關鍵部分，是有關當年海軍的經費預算，這些預算條目與國家戰略以及國防部部長的方針衍生的海軍需求直接相對應。簡而言之，就是在國家安全需要和海軍預算的每一個條目中間建立一個查賬索引，將政策轉化為物質需要。

　　一九七五年，我的第二份「形勢分析報告」才展現了我的見解和觀點。我再次以第10號法規規定的海軍的使命任務開頭，再次羅列了海軍預算的每一個條目以及它們在保障海軍使命任務完成中的作用。為配合理解海軍理由正當的預算，我將「形勢分析報告」製成5英寸寬、8英寸長的小本子，裝訂樸實且不使用其他顏色和光滑紙張印刷，大約0.5英寸厚，便於放在便裝或藍色軍裝的外衣口袋裡。這份報告在政府官員、五角大樓的公務員、國會職員中廣泛流傳。繼任的海軍部部長約翰·雷曼說，他在其任期內參加軍備控制與裁軍的海軍預算聽證會時，幾乎所有在場的觀察員、職員和其他與會者，拿出海軍作戰部部長的「形勢分析報告」冊時，制式都是最統一的。約翰·雷曼把這個小冊子比作「毛主席語錄」。

　　那時候，並沒有準確表述的國家戰略，為了「形勢分析報告」需要，我還得從我作為參聯會成員所知道的作戰計畫及其每年國防部部長起草的總統備忘錄中的概括要點，合成國家戰略。我當海軍作戰部部長的第二年，從我能獲得的各種文件中的陳述和概念中，創立了一整套簡單的海軍戰略原則。這些對世界地理格局、公海的性質、盟友和敵軍部隊的分布以及構成的威脅、經多種可能的行動路線的陳述和概念成為了海軍對國家戰略的解讀，並在「形勢分析報告」、國會宣言以及我的公開演講和著作中多次被重複，且隨著我閱歷的增加，不斷得以完善，成為冷戰時期海軍正式戰略表述的基礎。

冷戰戰略

我當海軍作戰部部長時，要在國家安全指導方針下，公開闡明海軍的使命和任務。我得出這樣的結論：冷戰時期事關我們的軍事立場、武器系統以及作戰行動的軍事戰略非常直白且經久不衰。它概念簡潔連貫，在整個冷戰時期幾乎不變，確實非常成功。基於美國、盟軍以及敵人的地理分布而確定的海上戰略是我的傑作。從地理分布上看，在西半球，北美近乎島嶼。美洲大陸上分布有美國、加拿大、墨西哥以及中美洲國家，我們只與兩個國家接壤，並且它們都不對我們的安全構成威脅。另外，我們50個州中的1個州、我們所有的領地，以及42個和我們有安全協議和條款的國家中有40個都在海外。

「集體前沿存在戰略」以海洋作為防禦屏障，擴大了我們的海外影響力並擴展了支持盟友、保護我們的海上貿易的途徑。這樣的話，我們就可以在戰事爆發時，將戰火燃至敵人家門口，而不是我們的家門口。這個戰略必須依賴我們的海外盟國，使我們能在前進基地進行快速機動；需要部署能應對全球範圍內的危機的軍隊，以便在我國重要安全利益產生威脅時扭轉乾坤，避免這些小危機變成大衝突。

當我們的國家戰略成型時，我更加意識到「前沿存在戰略」的有效性。它使得美國有能力和意向對威脅我國及盟國利益的任何力量做出一系列的軍事抉擇，包括公開進行武裝戰爭。

回憶起來，冷戰早期，蘇聯作為共產主義的代理人，製造了很多針對美國的事件；而美國作為自由世界的代表，被迫應對。美國的戰略是保持高度武裝的全球海基力量部署，並一直密切關注除蘇聯、中國及其衛星國外的所有國家和地區的事件。這些海基力量就是航母特混編隊以及兩棲攻擊艦上的陸戰遠征部隊。冷戰時期，美國至少在地中海保持2艘、在西太平洋和印度洋保持3艘攻

擊型航母。它們的使命是有效應對危機，在危機升級至戰爭前做出有利於我們的抉擇。在全面的戰略環境下，很多時候這種戰術應對的方法很奏效。但是朝鮮戰爭及越南戰爭早期，我們的干預並未見成效，因此全國才陷入了一場漫長的重要戰爭。

朝鮮戰爭：被遺忘的戰爭

　　朝鮮戰爭以「被遺忘的戰爭」而聞名，主要原因是戰後美國人都忘卻了這段對當地貧民以及美軍造成殘酷傷害的戰爭記憶。由於當時我是航母艦載機飛行員，所以仍能回憶起朝鮮戰爭的慘烈。一九五一～一九五二年的冬天，我任「福吉谷」號航母航空大隊作戰官，隸屬第一空中特混大隊裝備F9F-2「黑豹」戰機的第111戰鬥機中隊。在行動開始一周內，第111戰鬥機中隊中隊長就犧牲了。第52戰鬥機中隊以及第一空中特混大隊其他裝備F9F-2戰機的中隊，在巡航途中17名原配飛行員也犧牲了4名，包括1名中隊長；由海軍後備隊組建的裝備F4U-4戰機的第653戰鬥機中隊，在開戰後5個月內28名飛行員中有12名犧牲。

成為噴氣式飛機飛行員

　　一九五一年春天，我任海軍佛羅里達州彭沙科拉飛行訓練基地的參謀長，少校軍銜。接著我接到命令，將我調至位於加里福尼亞州聖地牙哥的太平洋艦隊海軍航空兵部隊執行任務。由於海軍飛行員不受職業限制，這是我第二次到中隊。到聖地牙哥就意味著我將進入航母艦載機中隊，遠赴朝鮮。因爲我在上一個中隊曾駕駛過SB2C「地獄俯衝者」俯衝轟炸機，我期望最好能分到道格拉斯AD「空中襲擊者」戰鬥機中隊，其次是F4U「海盜」戰鬥機中隊。我當然非

常想駕駛噴氣式飛機，那時每艘航母上編有2個F9F「黑豹」中隊，但都是選取海軍航空兵的精英作爲它的飛行員。一般而言，都是依據獲得的榮譽和經驗來挑選噴氣式飛機飛行員的，以二戰時的王牌飛行員和戰後的試飛員爲主。被選入噴氣式飛機中隊的海軍少尉和中尉都是同級別飛行訓練中的佼佼者，我自然不具備這些條件。

當我到太平洋艦隊海軍航空兵部隊報到時，就立即被航母航空大隊計畫官盧・鮑爾上校截住。當我還是第3俯衝轟炸機中隊的副中隊長的時候，他是第3航空大隊戰鬥機中隊長。他希望我能暫時留下來爲他手頭上的項目工作。他想從後備隊中組建一支航空兵作戰部隊，編入航母艦載機序列，並打算兩周內完成這項工作。而問題的癥結在於與艦艇部隊一樣，航空大隊也是現役部隊，組建新的現役部隊需要國會授權增加軍力，這個過程非常漫長。

因爲現役的中隊都已經過國會的授權，我建議轉換思路先在現有現役部隊的基礎上組建特混大隊，而不用成立新的現役部隊。如果能找到飛機，因爲有現成的飛行員，很多海軍後備役中隊都可轉爲現役。問題是雖有4個中隊的後備隊飛行員，但是二戰時封存的準備退役的F4U「海盜」加上加里福尼亞州塞甘達（Segundo）的道格拉斯飛機製造廠生產過剩的AD-1「天鷹」飛機只夠組建1個中隊。如果要將這些噴氣式戰機和飛行員以14機組組成1個中隊，2個中隊組成1個航空特混大隊，只有將現有大隊的中隊數量由5個減少到4個，抽調1個飛行中隊編入大隊。起初航母上部署1個「海盜」中隊，1個「天鷹」中隊和3個「黑豹」噴氣式飛機中隊。但是朝鮮戰爭中，由於噴氣式飛機比螺旋槳飛機更加耗油，而「埃塞克斯」級航母的航空燃油儲備艙是噴氣式飛機出現之前造的，因此戰時燃油儲備無法滿足3個噴氣式飛機中隊的需要。

航空特混大隊盡量與現役的航空大隊保持一致，但所屬中隊都會被編配到具體航母上，並直接由值班的中隊長負責。特混大隊大隊長也會隨艦行動，行動時由他代替值班的中隊長負責特混大隊的作戰指揮，因此他要週期性地隨中隊行動實施作戰控制和行政監督。除此之外，還會安排2名飛機降落指揮官、1

名修理官、1名作戰官編入特混大隊的其中1個中隊。他們在行政管理上服從中隊，但是作戰時接受大隊長的指令。

我為航空特混大隊起草了這份建議，作為太平洋艦隊海軍航空兵部隊的指示，太平洋艦隊海軍航空兵部隊中將將其呈送艦隊司令，艦隊司令簽發後又將其作為艦隊的指示。緊急動員時，航空特混大隊的這一概念的優勢就顯得更加突出，可快速有效地應對航母艦載機的不足，這一概念延續用了20多年。

為航空特混大隊工作個人還能得到點好處。我非常想從轟炸機飛行員轉行為噴氣式戰鬥機飛行員，但是以我的資歷來說太難了。在航母上引進噴氣式飛機也並非一帆風順。噴氣式飛機不管在哪一方面都要比螺旋槳飛機強很多，但它只有在超出航母甲板範圍的更長的筆直跑道上才更能發揮其優勢。與被它替換下來的「海盜」以及「熊貓」螺旋槳飛機相比，它的續航時間少一個小時。最主要的問題是，早期的噴氣式飛機進場速度很快，沒有失速告警，起飛時加速度卻很慢。美國海軍噴氣式飛機的中隊長以及飛行員都是從最有經驗和飛行技能的飛行員中選出來的。由於空軍的戰術飛機都是噴氣式的，一些年輕的海軍院校畢業生，如我的妹夫瓦利·斯奇拉，在與空軍的聯訓中也熟悉了這型飛機。他在朝鮮曾駕駛F-86「佩刀」戰機擊落一架米格飛機，返回美國海軍後成為了宇航員項目的一員。

當我完成海軍航空特混大隊項目準備回到中隊時，鮑爾上校詢問我是否願意擔任即將部署在「福吉谷」航母上的第一航空特混大隊的作戰官，到第111戰鬥機中隊負責行政管理和飛行任務。我知道第111戰鬥機中隊裝備的是F9F-2「黑豹」噴氣式戰鬥機，便欣然答應，這樣我就可以轉為噴氣式戰鬥機飛行員了。

第111戰鬥機中隊的中隊長知道我是「第一航空特混大隊」概念的締造者，相信我會對中隊有特殊作用，認為我在航空特混大隊可行使優先部署的權利，當然很樂意我加入這個中隊。不幸的是，中隊的其他軍官並沒有意識到這一點，他們是個緊密結合的組織，其中很多人都是朝鮮戰場上的首波部署力量。

　　此時中隊的訓練週期已經過了3/4，並且戰術組織是固定的。中隊的編隊長、縱隊長和僚機飛行員都是永久性定人定位的。只有當一個正式的中隊飛行員因爲職務調動或者其他重要原因調離，我才能爭取到一個飛行員的位置。那時因爲我是新調入的成員，沒有與我的同事們同甘共苦過，甚至沒有和他們調換訓練過，所以我在中隊也不是很受歡迎。

　　所有這些我都有心理準備。我在第3轟炸機中隊時，當飛機降落指揮官和航空大隊作戰官到我們待命室，想在我們的飛行時間表上加上他們的名字時，我見識過同樣的事情。但我認爲在和其他飛行員一起生活、一起在待命室待命、一起自由飛翔1個月左右，我在第111戰鬥機中隊的這種寄人籬下的感覺就會消失。最重要的是我克服了障礙，成爲了一名噴氣式飛機飛行員，並將在未來的任務中證明我具備這個資格。

　　一九五三年我返回朝鮮再次駕駛F9F-2「黑豹」戰機時，擔任「拳師」號航母上的第52戰鬥機中隊的副中隊長。在一次巡航任務中，我的僚機飛行員和中隊長都被中國軍隊擊落。從五月到七月的3個月中，第52戰鬥機中隊共有8架飛機被擊落，但大部分飛行員都僥倖脫險。我的飛機也因中彈出了兩次事故，無法返回航母降落，在韓國空軍機場緊急降落。

　　朝鮮戰爭著實殘酷，我們花了三年打這場戰爭，犧牲37000人。駐朝鮮美軍司令兩次建議參聯會讓美軍撤退，否則就會葬身魚腹。兩次總統都批示：「堅持奮戰。」戰爭第一年，美軍及其盟軍打敗了進攻的北朝鮮軍隊，將其所有建制部隊趕出了韓國。然而，中國共產黨在毫無預兆的情況下越過邊境發起了攻擊，誓將美國趕出朝鮮半島。頂住了中國首輪突然進攻後，我們的部隊重整旗鼓，最終擊退中國正規軍，將其拒止於原先劃分的三八線附近，達成停火協議。縱觀整場戰爭，雙方共有400萬人罹難，包括男人、婦女，還有兒童；22個國家在朝鮮半島這塊形狀類似佛羅里達州，面積只有它四分之一大的彈丸之地參戰。

毫無準備

美國沒有料到，也無意參加朝鮮戰爭，但這卻是一場必須勝利的戰爭。由於朝鮮戰爭對世界歷史影響深遠，半個世紀後縱觀冷戰歷史，我們認為它已成為美國參加的重要戰爭之一。

如果說持續四十年的冷戰是一場範圍更廣、鬥爭更為激烈的「戰爭」的話，朝鮮戰爭就是它的開端。在這場西方民主和蘇聯政治集團之間的大規模對抗中，僥倖獲勝的美國多次命懸一線。假如美國沒有打這場戰爭並成功地把北朝鮮和中國逼退到原先分界線，從而結束戰爭，冷戰的歷史可能會重寫，我們可能會面臨嚴峻的不利條件。

關於美國是否打贏了朝鮮戰爭尚有爭議，但是我們可以說，雖然這場戰爭的勝利不像我們在二戰中取得的以日本和德國的無條件投降的結果那樣明顯，但在朝鮮戰爭中美國沒有被打敗。因為這是一場以美國能夠接受的有限條件結束的有限戰爭，達成停戰協議後，國家分界線大體保持原狀，韓國也仍然是一個獨立的民主國家，並逐漸成為遠東地區的工業強國，北朝鮮和中國也沒有再進攻這個美國的可靠聯盟。

戰爭開始

一九五〇年六月二十五日凌晨4點，北朝鮮7支精銳師大規模祕密越過三八線，朝鮮戰爭正式打響。

當北朝鮮發動攻擊時，美國還沉浸在來之不易的二戰勝利換來的和平喜悅中，隨即戰爭動員遍布全美。二戰後，由於軍事威脅逐漸消退，大量為聯合勝利做出貢獻的美國陸海軍大批解散，武器生產停滯，大量原料和補給品留在了海外。士兵們變成市民，回歸家庭正常工作或學習。一九五〇年時，由於現役的大批老兵離開部隊，軍力遠低於戰前水平。

　　二戰期間，美國海軍作戰部隊航母總量超過100艘，戰後計畫將現役的能搭載噴氣式戰鬥機的航母總數減至5艘。一九五〇年時日本還被美國占領著，由麥克阿瑟將軍統管。太平洋戰區不成熟的年輕士兵喜歡到日本服役是因為希望在此能學會經商。太平洋戰區的美國陸軍部隊武器裝備陳舊，訓練水平低下，且尚未進行過戰前訓練。從美軍部隊官兵到美國首腦誰都沒有料到會面臨一場真正的戰爭。對於這場戰爭，他們都毫無準備。

　　儘管國家對這場戰爭總體缺乏熱情，軍事上毫無準備，北朝鮮也並未對美國人民造成有形的威脅，但是杜魯門總統還是毫不猶豫地決定發起戰爭。六月二十五日進攻發起後不久，他責令美國海空軍控制住進攻形勢，命令美國地面部隊參戰。同時他還說服在襁褓中的聯合國軍也參與了對北朝鮮的戰爭，這也是聯合國軍首次以國際組織的形式出兵參加戰爭。

　　雖然北朝鮮並沒有對美國人民的生命財產構成威脅，也沒有與美國存在持久的民族或社會矛盾，但是在這段美國尚未從二戰的創傷和艱難中恢復的困難時期，杜魯門作了一個總統能做的最困難決定：發動戰爭。

　　然而普遍認為朝鮮並不是美國同共產主義勢力進行首次交鋒的理想場所。國務卿艾奇遜這樣表述：「如果世界智囊聚首找出全世界最差的戰爭之地，毫無疑義會共同選擇朝鮮。」但是美國及其盟國在為自由世界的生存進行長期鬥爭選擇最初的競技場時並沒有給出確定的答案，而北朝鮮卻已採取主動以突然壓倒性的攻勢跨過了三八線。所以不管喜歡與否，戰場只能是朝鮮半島。美國及其盟國與北朝鮮軍隊交鋒時，世界在觀望。民主主義進行戰爭是不是以人權為原則？他們能否會不顧市民安危發動戰爭？在與強硬的北朝鮮部隊作戰時，他們能否堅守為其事業灑熱血的信念？這些都事關美國的聲譽以及自由世界的生死存亡。

輕敵

　　美國領導層在戰爭初期都普遍輕敵。聽說要開戰時，美軍遠東部隊司令道格拉斯·麥克阿瑟將軍認為：「這可能就是一次部隊偵察行動。如果華盛頓不阻攔，我用一支部隊就能完成任務。」美國陸軍第24步兵師的巴斯將軍描述，部隊在首次遇到敵人之前，也表現出一種自負和自大的態度。美國大兵都認為北朝鮮部隊一遇到美國部隊就會不攻自破，望風而逃。這也不能怪美國部隊，發出對日本非軍事占領的任務時，他們在數小時內就被匆忙空運到日本，沒有作任何戰爭準備。

　　一九五〇年七月三日，美國「福吉谷」號航母艦載機突襲朝鮮平壤，摧毀了大部分小型朝鮮空軍部隊，打響了美國在朝鮮的第一仗。兩天之後的七月五日，第24步兵師力圖伏擊進攻蔚山（距離韓國最南端城市釜山約200英里）的戰車縱隊和步兵。伏擊兵力數量較少，只有540個平均年齡在20歲左右的士兵，他們面對的是30架俄式的T-34戰車縱隊和5000個經驗豐富的老兵，結果自然全線潰敗。當美國的增援部隊大批湧入釜山港時，這些伏擊兵力衝到前線，想趕在實力相當的聯合國軍援軍全部上陸之前減緩北朝鮮的攻擊節奏，防止整個朝鮮半島戰線被擊垮。接下來的兩個月內，北朝鮮部隊不顧人員傷亡，決意盡快將美國人趕出朝鮮半島並獲取最終勝利，將人數和裝備都占優勢的美國和韓國軍隊逼得節節敗退。

　　朝鮮部隊乘勝追擊，勢如破竹，包圍並突破了聯合國軍戰線，擊垮了美國人的各種抗擊，使得美國和韓國部隊不停地在釜山收縮戰線。雖然近岸海軍航母及陸戰隊飛機的空中打擊減緩了其攻擊的步伐，但無法阻擋攻勢。直到八月初，美國和韓國仍未能阻止北朝鮮的攻勢。在此危急時刻，第八軍團司令沃爾頓·沃克將軍請示參聯會，他是應該將部隊撤往日本，還是在持續的增援下固守釜山戰線，殊死抗擊北朝鮮部隊。參聯會合杜魯門總統達成共識，命令沃克

堅守到底。

　　九月的第一周，儘管有敵人梯次的攻擊，聯軍在釜山的戰線還是建立了。這是個轉折點，標誌著將美軍趕出朝鮮半島的歷史已畫上句號，美軍將守住朝鮮。

　　這是場我們無意開始的不吉利戰爭，發生在錯誤的時間、錯誤的地點，遇上了個善於採取主動攻擊的強勁對手，差點就讓美國部隊羞辱性地潰敗。幸好美軍非常了不起地扭轉了乾坤，從災難的邊緣捲土重來，血染朝鮮，擊潰了朝鮮部隊，恢復了原先的邊界，以可接受的條件結束戰爭，以勇氣和堅韌證明了它具備領導西方世界的資格。單從這個角度，朝鮮戰爭也應該被看作向世界、向我們自己、向敵人、向盟友顯示美國正直和力量的範例。

朝鮮戰場的五個階段的戰役

　　從軍事角度看，朝鮮戰爭可分為5個明顯的階段。第一個階段的戰役始於一九五〇年六月，北朝鮮毫無預兆地越過三八線進攻毫無防備的處於西方勢力範圍體系內的韓國。此時韓國幾乎沒有多少武裝力量，只有一個軍的警察部隊，而北朝鮮的軍隊中有三分之一是朝鮮籍的老兵，因此韓國大部分地方一擊即潰。駐日美軍部隊的加入只能暫時減緩北朝鮮裝甲部隊和步兵的進攻。一九五〇年九月，聯合國軍和朝鮮軍隊僵持對抗時，美軍從釜山周邊大量增援人員和物資；而北朝鮮由於長驅南下，力量分散損耗，正重新整編軍隊。雖然韓國大部分戰術空軍基地被朝鮮摧毀，但是駐守的3艘航母為聯合國軍部隊提供了空中支援，並打擊了朝鮮的主要補給線。

　　第二個階段的戰役始於一九五〇年九月十五日，230艘艦船組成的第7聯合特混編隊搭載第1陸戰隊師在仁川登陸。上陸後的美軍陸戰隊向東橫跨朝鮮半島，與突破了釜山封鎖線的美國陸軍師會合。多數朝鮮軍人不是戰死就是被俘，其餘的丟盔棄甲，穿過聯合國軍防線向北逃竄。北朝鮮部隊潰不成軍時，

聯合國軍迅速奪回漢城（首爾），跨過三八線，驅兵北上。遠東司令部總指揮麥克阿瑟將軍意圖打到中朝邊境鴨綠江邊，占領整個朝鮮。國際上立即有了反對的聲音，認為這種大舉進攻會對中國造成威脅，只能引起軍事對抗。華盛頓也有很多人認為應避免激怒中國，引發對抗。

十一月中旬美國和韓國部隊長驅北上，一支美國部隊事實上已到達了鴨綠江邊的城鎮。此時美國部隊的進攻暫告段落，重新編組，在戰場上享受熱騰騰地感恩節大餐。麥克阿瑟將軍宣布朝鮮被打敗，所有部隊被剿滅，韓國解放，恢復國土，美國部隊可以馬上離開韓國回家過聖誕節了。

朝鮮戰爭的第三個階段的戰役始於一九五○年十一月二十五日，中國人民志願軍繞過聯合國軍部隊正面，向縱深發動大規模進攻。儘管華盛頓和其他國家首府都認為聯合國軍部隊到達鴨綠江後，中國不會坐視不理，但中國軍隊的進攻還是給了麥克阿瑟將軍及其戰區指揮官突然一擊。中國祕密潛入北朝鮮超過20萬的正規軍，祕密部署後切斷了聯合國軍部隊延伸到中國邊境的部分，來勢兇猛，突然進攻並殲滅了大部分暴露的聯合國軍部隊，包括西面的美國及韓國部隊、長津湖的美國陸軍特混部隊，迫使整個聯合國軍部隊收縮戰線。美軍以每天20英里的速度收縮戰線。雖然撤退的部隊無法再與不斷推進的中國軍隊交戰，但必須丟棄並銷毀不用的裝備和彈藥。又一個問題產生了：美國是該從朝鮮撤軍，還是同中國共產黨軍隊，在距離中國1萬英里的「後院」抗戰到底？儘管美國民意調查顯示66%的人支持放棄戰爭，但杜魯門總統表示：「留下。」

五個月內漢城（首爾）三度易手，聯合國軍部隊退到朝鮮半島中部較窄的地方重新組織防禦力量，補充被擊潰的美國和韓國師的缺口，重新構築堅固防禦力量。一九五一年一月，聯合國軍部隊重新構築了三八線以南的防禦線，抵擋住了中國軍隊的推進。

麥克阿瑟將軍被解職

　　一九五一年四月十五日，太平洋戰區最高司令麥克阿瑟五星上將被杜魯門總統以「無法全心全意地維護美國的國家政策，並且沒有爲美國國家事務較好地履職盡責」爲由解職，美國的馬修‧B.里奇威將軍繼任。如果麥克阿瑟繼續倡導他的對朝鮮半島的「全力」戰爭，占領整個朝鮮半島，則該方針可能引發蘇聯參戰。華盛頓當局意圖以原先劃分的分界線來尋求解決辦法。

　　早些時候，一九五一年一月二十五日，沃克將軍車禍死亡後，繼任朝鮮聯合國軍部隊司令的里奇威將軍，發起了全線攻勢的第四階段戰役。目標是占領整個朝鮮半島。沃克將軍新的領導方式和美軍逐漸增加的戰爭經驗起了作用。在經歷了一個月的撤退後，部隊再次進攻時，士氣明顯高漲。美國以海軍、陸戰隊及空軍的飛機破壞敵人的集結。經過激烈對抗，聯合國軍部隊再次奪回漢城，並於三月底再次占據了三八線以北。中國源源不斷地往前線運送物資和部隊，並於四月底發動了一次主要進攻，將主要反擊力量都集中在歷史上漢城的進攻路線上。接著中國軍隊在漢城以外和聯合國軍部隊僵持對抗。雖然聯合國軍部隊遏制住了中國五月發起的第二次進攻，但美國的飛機和大砲損失慘重。六月聯合國軍部隊沿三八線再次建立起堅固戰線。美軍控制了中部關鍵城市，扼守住了進入漢城的進出要道鐵原（Chorwon）。夏至時，雙方停止戰爭，沿著基本上接近原先分界線的戰線修築戰壕。

　　一九五一年七月十日，雙方仍在僵持，並沿著邊界加強了兵力。聯合國軍部隊和中、朝方面和平談判始於開城（Kaesong），後來在板門店村莊一個無人的地方達成和解。這標誌著朝鮮戰爭的第五階段戰役開始。南北朝鮮原先的分界線是波茨坦會議上由同盟國沿著三八線這個很抽象的地理參考線劃定的，這純屬爲了方便，沒有考慮地形因素和歷史先例，作爲國家防禦邊界線是不切實際的。七月十日，雙方部隊防禦地形線位置靠近，但沒有和三八線重合。所以

現在朝鮮和韓國實際的分界線作爲國家天然的分界線更適合。最後的戰役在和平談判者要挾和抵制的討價還價中持續了兩年，其中一些比較激烈的戰鬥都是中國和新組建的北朝鮮師發起的有限性進攻，力圖挫敗聯合國軍部隊的談判代表，獲取更多土地。在這兩年內，直到一九五三年七月二十七日達成停火協定時，美軍共犧牲12000人。從北朝鮮訓練有素、裝備精煉的22個師跨過同樣的邊界線（現恢復爲非武裝區或非軍事區），精心籌劃、出乎意料地發動戰爭，妄圖征服韓國，吞併其領土，成立共產主義韓國，到戰爭結束，歷時三年1個月2天。

結束和結果

從地理上看，朝鮮戰爭的開始和結束都在三八線。而對每一個參戰者而言，三年激戰的結果完全不同。北朝鮮明顯是失敗的：他們吞併韓國的目標沒有達成，軍隊被擊敗，首都平壤在戰爭中千瘡百孔，30萬戰士陣亡或失蹤。

從中國結束戰爭位置上看，只能認爲他們打了個平局。他們介入這場戰爭能向世界顯示其新生軍事力量，挽救北朝鮮，顯示不允許任何軍事威脅接近其邊境的姿態。

對美國來說，結果並非不利。我認爲朝鮮戰爭是一次有限的勝利，也是一場有限的戰爭，當然不能說它失敗。美國人達成了預先的目的：阻止武裝突襲以及朝鮮吞併韓國。戰爭中，美國將北朝鮮趕出了韓國，殲滅了其部隊，並以我們可接受的條款結束戰爭。

縱觀美國的全局，朝鮮戰爭具有重要的歷史意義。結果也比較持久，韓國再也沒有被攻擊或侵略過。從歷史上看，朝鮮戰爭是現代戰爭的獨特篇章，爲冷戰時期美國建立對外政策和國家戰略模式開創了先河，提供了借鑑。

有限戰爭的界定

朝鮮戰爭是一場具有獨特規則的有限性戰爭，美國無法無條件獲勝。因為美國一旦想要無條件獲勝就會捲入亞洲大陸和中國的常規戰爭中，這樣美國不但可能輸掉戰爭，連國家的尊嚴和榮譽以及自由世界的領導權都將岌岌可危。

對亞洲社會主義國家的戰爭必須是有限性的，因為在整個冷戰中，北約部隊面對的是整個蘇聯，北大西洋必須保持力量戒備懾止蘇聯入侵西歐。蘇聯擁有超過100個師的地面部隊和快速武裝的現代化海軍，對北約所依賴的美國的軍事力量和政治領導實體構成巨大威脅。

朝鮮戰爭的戰爭動員是有限性的，其口號是「槍和黃油」。美國民眾對死傷人數非常敏感，國會關心財政預算，因此，戰術行動必須精打細算，減少損失。這就不可能以巨大的實力去發動主要的作戰行動，獲取長期有效的軍事和政治的勝利。預算壓力限制了彈藥和航空燃油的數量，只能定量配給地面部隊砲兵轟炸的彈藥；由於飛行時間少，作戰航空兵部隊的戰備水平也較低。

朝鮮戰爭的作戰空間是有限的。聯合國軍建立了政治上「禁戰區」的概念，禁止美國在中國邊境以北實施空戰，美國政府也表示同意。雖然與中國人民志願軍戰事正酣，但是聯合國軍部隊對鴨綠江以北的機場、後勤基地、部隊集結地域實施空襲是禁止的。事實上美國也有「禁戰區」，但是這些區域不是靠政治庇護而是靠美國空軍和海軍的戰區優勢獲得的。韓國沿海岸就是聯合國軍的「庇護區」。依靠岸上聯合國軍部隊的保障，美軍在這些地方可實施空中打擊、海岸砲擊、部隊增援以及後勤補給物資投送。另外，敵方高級攻擊機有效火力攻擊受限，北朝鮮也沒有地空導彈，在地面1萬英尺以上高度，聯合國軍部隊的飛機根本無須顧忌敵方火力。

戰爭前提

整個朝鮮戰場美國的空中優勢是不言而喻的。美國部署在朝鮮西北角實施

空中阻擊的空軍F-86「佩刀」戰機群，就可攔截穿過鴨綠江飛出「禁戰區」的避難所基地的中國的米格-15飛機，爲南部的聯合國軍飛機實施空對地遮斷作戰提供掩護。

朝鮮戰爭時，美國已經有了戰術核武器，其發展水平已遠高於轟炸廣島時期，蘇聯也擁有了第一枚原子彈。但由於核武器的不斷升級可能導致相互摧毀，原先核武器標準化政策變得有些不切實際，因此全世界以及美國人民都在關注美國對這些大規模殺傷性武器的政策動向。衆所周知，由於其數量增加、威力增大，美國對於這種「特殊武器」的政策逐漸強硬，但從總統才擁有發射權的情形上可以看出，只有在國家生死存亡的極端情況下才會使用它。

雖然在一些極端的情況下，如在面對似乎源源不絕的中國人民志願軍，爲避免美軍進一步傷亡時，野戰司令官也可權衡使用；但是朝鮮戰爭中，這種情況從來沒有列入過考慮範圍。從另一層面講，核武器在朝鮮戰爭中對國家的存亡發揮了至關重要的作用。當美國正忙於全面應付朝鮮戰爭時，蘇聯本可趁北約防務空虛，搶占先機進攻西歐。但正是由於美國戰略空軍司令部的戰略戰備對蘇聯的有效威懾，才使其放棄越過民主德國平原進攻西歐的企圖。

常規作戰能力

朝鮮戰爭中我們明確了使用戰術核武器的政策，也能理解在將來，美國國防計畫也會把常規作戰放在與核威懾同樣重要的位置上。由於核威懾不能用於朝鮮戰爭，也無法在戰術上使用，因此未來美國國家備戰和應戰安全政策還必須依賴常規武器，而核武器則旨在懾止有蘇聯介入並擴大的有限戰爭。

塵封的預備隊

二戰結束時，美國忙於遣返文職士兵，將大量的彈藥、補給品、裝備留在了海外，所有的裝備系統裡最值錢的艦船和飛機都還能使用。大部分的現代化裝備都運回國封存起來，包括淡水河口的艦船和廢棄空軍基地的飛機。當新建

的處於低谷的國防部趕上了朝鮮戰爭時，各軍種只能求助於這些封存的裝備。

美國海軍的航母數量增加到19艘，足夠維持4艘在朝鮮及2艘在地中海以支持北約的軍事存在。二戰時叱吒歐洲和太平洋戰場的資深「鬥士」——P51「野馬」，成爲了朝鮮戰爭中美國及其盟軍對地攻擊的主力戰機。曾在太平洋戰場鏖戰日本「零」式飛機的「英雄」——F4U「海盜」，再次從航母甲板上和陸戰隊海岸基地展翼，支援聯合國軍地面作戰部隊。正是朝鮮戰場空中優勢的支援，才形成了聯合國軍步兵、砲兵、空軍三足鼎立的局面，聯合國軍的空中力量極大地制衡了中國人民志願軍的優勢地面部隊。

啓封的戰列艦、巡洋艦和驅逐艦運送的適航火砲，支援了聯合國軍的側翼。要是有這些主要火力單元和由兩棲及輔助艦船運送的火力武器及時的直接火力支援，一九五〇年十二月阿爾蒙德將軍的部隊和戰鬥車輛可能也就不需要撤出興南。

兩次大規模會戰

雖然將朝鮮戰爭稱爲「被遺忘的戰爭」，戰爭中還是有兩次不能忘卻的軍事行動「閃耀」美軍的歷史：仁川之戰和長津湖之戰。

一九五〇年九月十五日，在仁川西部海岸港口，僅距首爾西南15英里的地方，美國海軍首波出動2.5萬陸戰隊員，在最困難的地形和最不可想像的潮汐條件下，實施了兩棲登陸行動，最終5萬人成功登陸。部隊上陸後向東推進和第八軍會合，突破釜山防禦帶，大規模擊潰朝鮮部隊。海軍陸戰隊第一師負責突擊上陸，固守仁川一天，十八日到達首爾，5天後占領韓國首都。九月底，美軍擊潰朝鮮軍隊，抵達三八線附近。借助仁川登陸，聯合國軍只花了3個月就達成了預期目標：擊潰武裝入侵的部隊，恢復韓國的和平穩定。長遠看，仁川登陸是一次大膽的作戰行動，是一次技術運用的傑作，也是一場關鍵的勝利。同時它的成功也給我們的國防部上了重要的一課：運用先進技術並不意味著就要荒廢

已經被證實的作戰基礎性因素。一九四九年，參聯會主席奧馬爾‧布萊德利將
軍在國會宣言上陳述：自從可以使用原子彈來攻擊預定目標後，兩棲登陸不再
適用，不需要為登陸作戰聚集大量的艦船。布萊德利言下之意是美國的國防建
設不再需要美國海軍陸戰隊了。

　　長津湖之戰是一次完全不同的戰役樣式。十一月二十五日，中國人民志願
軍對朝鮮戰爭的介入，讓美國情報機構和聯合國軍大吃一驚。美國海軍陸戰隊
第一師部署在長津湖西面。此地位於北朝鮮縱深，需要繞過朝鮮半島的諸多山
脈才能到達，有一條78英里長的雙車道泥土路連通外界。當時，地面上的雪很
深，氣溫在零下30攝氏度，美國海軍陸戰隊第一師2.5萬人被12萬中國人民志願
軍包圍。最終他們殺出了重圍，途中挫敗了中國7個步兵師。中國人民志願軍意
圖殲滅第一師，當然他們確實能做到，但要付出沉重的代價。海軍陸戰隊第一
師的目標是向南行進，從包圍的中國軍團中突圍，與南部聯合國軍會合，最終
攜多數死傷人員、武器裝備突圍，大獲成功。這毫無疑問是一次聯合國軍、美
國、陸戰隊挫敗中國戰術的成功運用。

　　陸戰隊史學家表明，沒有完全的空中優勢，單純靠「向南行進」是無法
取得這樣的成功的。第一陸戰隊飛機聯隊指揮官、朝鮮戰場所有陸戰隊航空兵
的指揮員、陸戰隊少將菲爾德‧哈里斯說，沒有近距離的空中支援，陸戰隊
第一師根本無法全身而退。而這大部分功勞要歸於位於朝鮮西北海岸的96.8護
航航母特混大隊上的陸戰隊艦載機，以及駐泊於日本海的3艘「埃塞克斯」級
航母艦載機。哈里斯將軍在一份正式急件中對第77特遣編隊指揮官埃文少將特
別指出，一九五〇年十二月二日，沒有第77特混編隊的空中支援，被中國軍
隊圍困在柳潭裡（Yudamni）的陸戰隊第五團及第七團根本無法到達下碣隅裡
（Hagaru-ri）。

第4章

朝鮮戰爭：海軍作戰

　　一九五三年七月二日，「拳師」號航母進駐日本海參加朝鮮戰爭。那天天氣陰沉，下著大雨。F9F「黑豹」戰機在甲板上滑行，大轉彎到左舷彈射器編隊待發時，它窄小的輪子在潮濕的道格拉斯杉木甲板上不住地打滑。大雨沖刷著飛行甲板，身穿黃色衣服的飛機主管迎著40節的風力，在濕滑的甲板上跌跌撞撞地走動著。由於「黑豹」需要借助風力飛行，所以風對我們來說並不是問題。裝備4枚260磅的殺傷彈、2枚200磅的普通彈的F9F戰機達到了起飛的最大載荷。我將率領6機F9F編隊攻擊中國志願軍集結地域——朝鮮位於前線以北50英里處的宋基尼（Kisong-Ni）。首機將於上午7時起飛。我聽到彈射器制動裝置的叮噹聲，感到其對飛機施加壓力時，機尾略有下沉。彈射官向我發出準備的信號後，我向前使勁推下油門。等轉速盤顯示100%，我看了3秒錶盤，確定轉速平穩，扣緊連接彈射座椅軟墊靠頭的安全帽，舉手示意。有一個短暫的延遲，接著「砰」的一聲，彈射器發動，不到2秒我就被彈出，以125節的速度飛行在航母上空。

　　我直上雲霄，躍升到4000英尺高空，將速度保持在250節。3分鐘後6架飛機都被彈出，我向左180度轉彎，隨後保持逆向爬升，緊接著轉彎，很快編隊就會合了。

　　飛過航母上空後，我向北航行，躍升至1萬英尺，退出艦船通信頻率，轉到位於甚高頻第五信道的第77特混編隊頻率上。從彈射到攔阻，第77特混編

隊所有飛機都依靠可靠的無線電控制。在艦船附近時，飛機由航母的空中作戰中心負責指揮；在海面上空，飛機由第77特混編隊旗艦的作戰情報中心負責指揮；在朝鮮上空，飛機由位於大邱的戰術空中控制中心接管。雖然該戰術空中控制中心是空軍飛行控制中心，但出於聯合作戰的需要，控制或實際監控著朝鮮戰場上空戰線南北面所有的空中交通。依靠類似美國民航空中控制系統的無線電控制，飛機從起飛到降落都井井有條。當然也有飛行員抱怨需要頻繁變換頻率，以及每天更換登錄和註銷程序的代碼，但這保證了系統的有效可靠。

穿過北朝鮮元山的海岸線後，我將信道接入戰術空中控制中心，以聲音代碼報告我的呼號、任務號以及飛機型號。中心應答後立即緘默。我們一到敵上空，就立刻被敵人防空導彈發出的灰色煙幕所包圍。飛行員都保持靜默，沒人交談。此時除了呼吸聲和氧氣調節器的聲音外我們沒有發出任何聲音，我們不斷急閃，隨意變換著方向，避免被敵防空火砲擊中，但由於腎上腺激素大量分泌，手腳開始有些不聽使喚。

這個地段沒有便於識別的標誌物，因此良好的導航至關重要。只要有一次轉彎失誤，我們就可能葬身於這片無法識別的土地。我曾在1：250000的纖維質地圖上用油筆勾畫過預定航線。從我方沿岸點往北飛，穿過4個山脊，然後向西北轉向，沿著第五個山谷航行10英里到達兩條河流交匯的三角洲地區，就是宋基尼（Kisong-Ni）村的所在地。此時我既要確保飛行航線與預定航線基本一致，又要不停地實施機動，避開曳光彈和灰色的防空導彈煙幕集中區。

到達第五個山谷時，編隊左轉。此時雲層低至山頂一線，當我們急轉彎通過山谷時，可看見下方大約在4000英尺的山頂以下有些星星點點的雲朵。我們以全速的98%飛行，最佳速度本可達450節，但是由於「黑豹」沉重的外部炸彈載荷降低了飛行的速度，儀表盤顯示只有280節。高射砲的砲火嗖嗖地從兩旁飛過，曳光彈在陰雲密布的山谷中清晰可見。此景令人心神不寧。一些主要來自37mm砲和20mm自動火砲的砲彈直接在我們下方爆炸。各個方向的高射砲火力

延綿不斷，火光在編隊中穿梭。

由於飛行高度較低並有雲層遮蔽，直到快飛過目標區域時我們才突然識別出目標宋基尼。沒有時間調整編隊了，我簡單呼叫了一聲：「一號海上騎兵開始攻擊。」然後我搖動機翼，意思是隨我動作，接著向左40度俯衝下去（此高度不足以用更大角度俯衝）。當我調整好機頭，將準星對準一個倉庫型建築時，目標周邊的重型曳光彈迎面呼嘯而來。

我繼續俯衝，突破3000英尺，突然聽見「砰」的一聲，接著是彈片擊中機身的刺耳「卡嗒」聲——飛機被擊中了。繼續拉著操縱桿的我快速反應過來，用力推下油門，但無法阻止其全速向前的動力。左翼油箱被37mm砲彈擊中，帶著火光的燃油不斷洩漏。我通過警戒信道（用於緊急狀態下的無線電頻率，比飛行員預設的任何信道都重要）呼叫負責我的攻擊階段指揮的航空大隊司令部，告訴他我被擊中全速向南墜落。因為需要緊急彈射或迫降，我希望在發動機失效或燃油燃盡之前盡量到達前線。我呼叫僚機飛行員與我同行，但卻沒有聽到對方應答。我感到事情不妙——他應該在的呀。

突然一架「黑豹」爬升到我的飛機旁，我從機身的編號認出那是我的僚機飛行員約翰·錢伯斯。他的飛機的座艙頂上沾有血跡。他打手勢告訴我無線電接收裝置掉到外面了，我看見他舉起的左手上佈滿血痕。他的飛機也被37mm砲彈直接擊中，飛機翻轉時，砲彈擊中機身座艙底部，並在坐位下直接爆炸。雖然降落傘緩衝了部分爆炸威力，但是彈片還是射入了他的胳膊和腿。

通過警戒信道，我呼叫戰術空中控制中心，告訴他們我的大體位置，請求其通過無線電將我引導至附近的搜尋和營救設施處。我將雷達信標調到緊急狀態，便於我的飛機被友方雷達識別，獲知「黑豹」戰鬥損壞。幾乎同時，戰術空中控制中心的雷達捕捉到我們的雷達信號，引導我們飛往位於韓國江陵只有一條狹窄的鋼網（Marston matting，一種邊緣可扣接在一起的鋼網板）跑道的第18戰鬥機野戰機場。雖然機翼處燃燒的火光斷斷續續，但燃油表指針急劇下降。錢伯斯的飛機距離我20英里，我不知道他傷勢如何，也不知道他能否飛到

友方戰線。

戰術空中控制中心將我們引導到第18戰鬥機野戰機場。跑道周邊遍布蓋著黃褐色帆布的韓國部隊救護車和軍用吉普車。錢伯斯首先到達，他的飛機滑行到跑道中部就損毀了。雖然他立即被醫護人員救出，但吉普車還無法及時清理鋼網跑道上的殘骸。由於我的飛機上的燃油不多了，只好緊急迫降在跑道周邊空曠的稻田地裡。飛機被撞得七零八落，不過還好我沒有受傷。

我被匆匆趕來的吉普車運到醫療帳篷裡，錢伯斯也在那兒。他躺在手術臺上，醫生正為他取出手腳上的彈片，清洗傷口。一小時後他將被直升機送往美軍醫院，一周內送往費城靠近他家的海軍醫院。一年之後他重新獲得飛行資格，但在越南戰爭中犧牲在F-4「鬼怪」II飛機上，那時他已是航母艦載機中校飛行員。

就在同一天晚些時候，第52戰鬥機中隊作戰官海耶克上尉和他的僚機飛行員也在第18戰鬥機野戰機場緊急迫降。他的「黑豹」被重型高射火砲彈片打得千瘡百孔，不過他也安然無恙。

下午，一架從「拳師」號航母上起飛的AD-2N「空中襲擊者」到第18戰鬥機野戰機場接我們。AD-2N「空中襲擊者」是一型螺旋槳飛機，機艙飛行員後有2個坐位供雷達操作員使用，在此類緊急情況下，它可在戰術野戰機場和航母之間充當運輸機。回到「拳師」號，我向情報人員彙報了執行任務的情況，給錢伯斯的家人寫了封信，查了查飛行時刻表。明天早上，我還有一個遮斷打擊的任務，目標位於敵前沿陣地20英里的淺近縱深處。

早期空中行動

朝鮮戰爭早期，北朝鮮剛剛發動進攻，杜魯門總統宣布出兵支援韓國時，美軍參戰的首支部隊就是海軍「福吉谷」號航母上的第五航空聯隊。這是一艘二戰結束時才建成的「埃塞克斯」級航母，一九五○年五月部署到第七艦隊，

七月三日到達朝鮮戰場負責對朝鮮首都平壤實施空中打擊。七月時，聯合國軍收縮釜山防線，人數眾多的美國和韓國包圍優勢盡失，都指望著美國空軍。然而空軍力量非常有限。

戰爭開始時，美國空軍的遠東戰術中隊基本上都裝備F-80「流星」戰術單元。該型飛機主要作為截擊機使用，其外部武器載荷相對較輕，航程相對較短，空中待命時間不長，不適合用於有效近距離空中支援。

戰爭開始的幾周內，韓國所有能夠起降噴氣式飛機的機場都被毀壞了。而美國位於日本南部的戰鬥機基地又距離朝鮮的目標太遠，F-80「流星」在攜帶2枚5英寸高速度航空火箭彈的情況下空中待命時間不足5分鐘。

因此戰爭初期，海軍的戰術航空兵是對聯合國軍地面部隊實施密集空中支援的唯一力量。而整個戰爭中，所有的戰術航空兵都來自航母艦載機。駐泊於西太平洋美國第七艦隊的快速航母打擊力量——第77航母特混編隊就是主要支援力量。「埃塞克斯」級航母是該特混編隊主力，可艦載70架飛機以30節的速度機動，是海軍戰後的航母艦隊，也是第一級搭載噴氣式飛機中隊作戰的航母。

航母空戰大隊

「埃塞克斯」級航母航空大隊編制有2個F9F-2「黑豹」噴氣式飛機中隊、1個F4U-4「海盜」戰鬥機中隊、1個AD-2「空中襲擊者」攻擊機中隊。每個中隊由14～16架飛機組成，具體數量視部署情況而定。除此之外，還有照相分隊、雷達搜索分隊、夜間戰鬥機分隊、夜間攻擊機和救援直升機分隊，總計飛機數量超過70架。

F9F-2雖然被劃歸為戰鬥機，但是事實上充當著戰鬥轟炸機的角色。朝鮮戰場上，為提高其對地攻擊能力，在其機翼下加裝了8個炸彈吊架，將其最大速度降低了30節。雖然它不再具有空對空的作戰優勢，但它增加了8個外部掛架。起初它的外部彈藥載荷限制在500磅，但通過加裝失速翼刀（一種狹窄的縱向安

裝在每個機翼背面的安定翼，減少飛機載彈時的失速速度），其載彈能力大大增強。一九五一年安裝機翼翼刀後，「黑豹」一般都能攜帶1200磅的炸彈和火箭彈，執行空中支援任務的標準載荷是4枚260磅的殺傷彈和2枚反戰車航空火箭彈。

航空大隊真正的重型打擊力量是螺旋槳飛機「空中襲擊者」，具有8000磅的彈藥載荷，能夠攻擊朝鮮戰場上的任何目標。每投一枚彈時，命中精度很高。同時二戰時製造的F4U-4「海盜」戰機，每次出動也能夠攜帶3000磅炸彈。

航母力量的增強

「埃塞克斯」級「福吉谷」號航母投入戰鬥後一個月內就減緩了朝鮮的推進速度。其艦載機在作戰各個階段得到廣泛運用。任務包括對部隊的近距離空中支援、對北朝鮮補給線的遠程打擊、摧毀戰爭物資運輸隊，以及大量殺傷朝鮮正規軍。如果有更有效的空地通信保障，航空大隊的打擊將更加出色。二戰後空軍的使命任務也趨同，開始用於對陸軍實施空中支援，包括對地面作戰的戰術空中支援。戰爭所用的空中控制系統的複雜控制設備和歐洲是同型的，例如陸軍和空軍的聯合操控中心和戰術空中控制中心。在北約，這些控制中心都運作良好；在朝鮮和韓國，卻要所有與之相互關聯的設備都啓動才能用。因此所有海軍和支援地面部隊相關的任務都要事先通告並由空軍控制，然後將其交給陸軍的前進引導點負責。不幸的是，由於聯通不暢，系統工作不正常。前線混戰時，飛行員經常無法辨別下方的地面部隊是敵是友，而遂行近距離地面支援任務的重要原則就是要積極控制避免傷及友方人員。

八月，聯合國軍地面部隊形勢緊迫，處境危險。第八軍司令沃克將軍授權海軍和支援的地面部隊直接聯通，自行安排任務，實施打擊。遠東空軍司令霍伊特‧范登堡將軍對此舉大爲不悅，但由於近距離空中支援十萬火急，只好勉強接受。

　　八月初，「菲律賓海」號前往增援「福吉谷」號航母，一個月後「萊特島」號及「拳師」號也到達待命海域，充分增強了第77特混編隊的力量，讓第五航空打擊大隊鬆了口氣。

　　同樣在一九五〇年八月，海軍陸戰隊第一航空聯隊從美國本土到達日本巖國（Iwakuni）後，立即將2個F4U-4「海盜」中隊部署在隸屬於96.23航母特混分隊的「培登海峽」號及「西西里島」號上。海軍陸戰隊中隊配備的是裝備了20mm航砲的B型F4U-4，其配備的穿甲彈對實施地面支援非常有效。海軍陸戰隊第一航空聯隊的任務是支援正在朝鮮作戰的陸戰隊第一師，由於其行動不受使命任務的政策限制，他們在計畫和執行空中支援任務時非常順利。陸戰隊大部分地面戰術群經常可獲得其中隊飛機的近距離支援，並且相互協同密切。為縮短反應時間間隔，增加其空中待命時間，96.23航母特混分隊航行至朝鮮沿岸海域，盡量靠近陸戰隊戰場。

　　一九五〇年九月，戰爭開始後僅兩個月，海軍在第七艦隊保持了4艘航母的力量，第77特混編隊中有2～3艘航母隨時待命。「第七艦隊，航母打擊力量」成為持續作戰的根本。隨著海軍後備役艦隊新檢修的航母的加入，航母力量逐漸加強。朝鮮戰爭中，有11艘「埃塞克斯」級航母參戰，大多數多次參戰，其中「福吉谷」號、「菲律賓海」號和「普林斯頓」號分別部署3次，「拳師」號部署4次。

　　朝鮮戰爭中還有6艘搭載陸戰隊「海盜」飛機的護航航母參戰，都部署於96.23航母特混分隊。這支力量主要在西太平洋保持2～3艘的航母存在。其中，「巴丹半島」號、「培登海峽」號及「西西里島」號在兩年對抗中，進行了3次持續7個月的部署。

　　英國皇家海軍的航母也為聯合國軍部隊提供戰術空中支援，「光榮」號英國皇家海軍航母隨95.1特混大隊行動，為遮斷作戰提供海上報復和引導。隨後而來的還有「大洋」號英國皇家海軍航母。包括澳大利亞「悉尼」號航母在內，英聯邦共有6艘航母在朝鮮海域行動。

週末勇士

　　航空特混大隊成立后，海軍雖能啓封足夠的艦載機供「埃塞克斯」級航母使用，但仍需要飛行員和維護人員。此時美國海軍後備隊發揮了應有作用，爲海軍航空兵中隊的戰時行動增補了人員。

　　二戰時，海軍大量撥款訓練飛行員，精心挑選年輕而有天賦的人員，並耗費大量時間以及諸如訓練基地、飛機和教練員等資源進行訓練。戰後復員時，很多飛行員離開現役成爲平民。幸運的是，海軍有計畫地保留了這些人才資源，爲的是有朝一日這些特殊的平民勇士能爲國效力。海軍在大部分條款中都構建了一個遍布全國的海軍航空站後備隊系統，將海軍航空兵老兵集中在人口中心周邊，以便於戰時動員。海軍利用二戰剩餘的飛機，組建後備役中隊，簽約使用前海軍飛行員和航空技術人員，並在後備隊航空站和市政機場開展經常性訓練，以維持其作戰能力。後備隊人員編入現役中隊後，可按照戰時的飛行序列實施管控。由於要用一個中隊的飛機供4個中隊的飛行員輪流使用，因此每個中隊每個月抽出一個週末進行訓練，以保持飛行員嫻熟的飛行技能，應對戰時動員。這些人也因此獲得了「週末勇士」的綽號。他們都熱愛飛行，甚至肯花錢訓練。另外他們還要參加內容更多樣、更深入的爲期兩周的聯訓，地點一般都在遠離其家鄉航空站的海軍機場。

　　朝鮮戰爭初期，後備役中隊可召集起來組成現役，每個中隊編配中隊長、滿編的後備隊飛行員以及行政機構。當然，這些飛行員和水兵都擁有固定的地方職業，可能不願意捲入一場另一個世界外的意外戰爭中去。然而他們服役時總是心甘情願、驕傲自豪、精於專業。

　　一九五一年十一月，「福吉谷」號搭載第一航空特混大隊抵達朝鮮。特混大隊中的F4U「海盜」第653戰鬥機中隊，就來自俄亥俄州克里夫蘭的一個海軍後備隊部隊，其中隊長是美國海軍後備隊的庫克‧克里蘭德少校。我非常瞭解

庫克，作爲大隊的作戰官，他經常和其他中隊長一起協調訓練計畫。第653戰鬥機中隊作爲後備役中隊，尤其還編入一個配備噴氣式戰機的航空大隊中，他們缺乏行政管理經驗，不熟悉航母操作的日常程序和需求，因此得到了較多的關注。在那次巡航中，我和庫克結下了深厚的友情，並一直保持至今。

在加入第653戰鬥機中隊加入朝鮮戰爭之前，庫克・克里蘭德就已是海軍航空的傳奇性人物。二戰時，他是一名道格拉斯「無畏」俯衝轟炸機飛行員，曾在戰爭早期因成功擊中日本戰列艦獲得海軍十字勳章。另外一次，他在航母周圍實施反潛巡邏時，和他後座的航砲手一道攔截了前來襲擊特混編隊的日本飛機編隊，擊落一架「蠢婦」（Betty）多發轟炸機。

戰後克里蘭德成爲海軍後備隊的一名競技飛行員。一九四六年，戰前最著名的克里夫蘭空中競賽重新開始進行。競賽中，克里蘭德駕駛政府轉讓的由錢斯・沃特公司設計，固特異飛機製造廠生產的FG「海盜」飛機第六名到達，落後於陸航轉讓的「野馬」和「空中眼鏡蛇」。他呼籲海軍資助一款性能更好的F2G「海盜」飛機。這是一型固特異飛機製造廠在二戰末期生產的F4U型飛機，由於不再交付海軍作戰中隊使用，數量較少。它安裝了一個由普惠公司生產的R4360巨大放射狀發動機，其由4個汽缸組成，綽號「玉米棒子」，是至今製造的功率最大的發動機。布爾・哈爾西上將知道庫克・克里蘭德是海軍飛行員後，安排了3架F2G飛機申報轉讓，克里蘭德全部買了下來，用來爲他的由前海軍飛行員組成的參賽隊比賽。克里蘭德駕駛F2G贏得了一九四七～一九四九年克里夫蘭空中競賽最讓人垂涎的湯普森獎盃。在一九四九年的比賽中，克里蘭德的3架F2G橫掃賽事前三甲，讓他滿懷信心地想繼續自己的職業生涯。然而，一九五〇年克里夫蘭的空中競賽因朝鮮戰爭而停止，克里蘭德立即志願加入現役。他所在的第653戰鬥機中隊中抽調的飛行員都來自克里夫蘭-匹茲堡地區。

海軍後備隊飛行員全部由後備役軍官組成，大部分經歷過二戰。朝鮮戰爭時，第653戰鬥機中隊接受動員並轉入現役，其中26人爲退役軍官，即25個上尉和1個少校——克里蘭德。他們將中隊稱爲「克里蘭德飛行團」，彼此結下了深

厚的友情。同作爲民間競技飛行員時一樣，克里蘭德在朝鮮戰場上也展現了華麗的飛行技巧。中隊飛行員都傾慕其飛行技術，競相仿效他大膽的飛行方式。不幸的是，第653中隊戰損嚴重，一九五一～一九五二年的巡航中，損失了26名飛行員中的12名，只有2名是直接作戰時犧牲的。

這段時期，航母的任務主要是切斷鐵路運輸線。其行動的精確性要求在同一地區反覆飛行。朝鮮針對性地採取了在主要鐵路沿線構築高射火砲陣地、在平板車上架設自動火砲和防空機槍的戰術，打擊第77特混編隊的密集轟炸。因此所有中隊的鐵路攔阻行動都遭到了火力打擊，以第653中隊的傷亡最爲慘重。克里蘭德和他的中隊每次都希望比其他部隊破壞更多鐵路，其戰果雖然有限但毋庸置疑。每次行動後，照相偵察機都會對預定地段進行垂直照相偵察，將照片分析報告直接送往第七艦隊司令部。艦隊對每天戰損進行評估後，將報告分發到朝鮮戰場所有航空部隊。報告顯示第653中隊戰績卓著，每次出動，鐵路破壞數是平均數的1.3倍。取得這樣的戰績，其中一個原因是海軍的「海盜」戰術轟炸機比空軍的P51性能優越，另一個原因就是「克里蘭德飛行團」精湛的技藝和優良的判斷力。

因爲第653中隊的巨大損失，克里蘭德受到克里夫蘭-匹茲堡地區輿論的公然指責。在庫克的防禦行動中，我可以說他絕對不是一個不負責任的中隊領導，因爲他對中隊中任何人的犧牲都感同身受。對他來說，飛行團不僅是一個中隊，更是一起工作、遊戲、出征的大家庭。庫克是一名好勝的選手，他總希望贏。當他參戰時，他也總希望他的中隊比其他任何中隊都更能重創敵人。中隊飛行員能證明他這種進取心和極強的好勝心，戰損評估圖片也證明了這一點。飛行員們不可能都具備克里蘭德的飛行技能和運氣，但他們都有證明自己勇氣和技能的決心。庫克常勸誡他們在複雜天候和密集火力行動時要格外謹慎，但他不是編隊長時，他無法召回他們。從將軍往下，沒人敢說「飛行團」懈怠戰爭。第653中隊是聯合國軍部隊的重要財富，對空中遮斷行動做出了重要貢獻，無論在功績還是榜樣方面，都應該得到客觀的評價。

　　庫克‧克里蘭德爲人熱情、行爲大膽、態度友善、嚴肅認真，喜歡收集早期的美國傢俱。從海軍退役後，他一直是該領域公認的專家，並在佛羅里達州彭沙科拉城經營著一家最好的古董店。

朝鮮聯合空戰

　　一九五〇年夏天，戰術空中行動只是粉碎朝鮮企圖的輔助手段，但自此後逐漸成爲戰區一種特殊的，適應軍事戰略、軍事作戰和敵人實力的作戰行動。而聯合國軍的空戰行動則最大限度地利用了戰區所有的空中力量。

　　雖然海軍的AD「空中襲擊者」和「海盜」飛機在戰術支援地面部隊作戰方面的性能比空軍的F-80更優越，但空軍指揮官們並不因此沮喪。空軍遠東司令斯特梅爾立即用更適合的飛機取代了F-80。海軍接收了所有新造和啓封的「空中襲擊者」及「海盜」，而空軍大量啓用了二戰時在歐洲地面進攻行動中大展身手的F-51「野馬」。一九五〇年七月二十三日，戰爭開始不到一個月，美國「拳師」號航母就向日本投送了145架來自空軍國民警衛隊中隊的F-51「野馬」戰機。一九五〇年八月十一日，美國空軍第五航空隊的6個戰鬥機中隊都將F-80噴氣式戰鬥機換成了F-51螺旋槳飛機，以便於朝鮮戰場上的空對地作戰。

　　同時，華盛頓空軍總部決定在北約和朝鮮戰區部署2個飛行聯隊的F-84「雷電」噴氣式戰鬥轟炸機。F-84的空對空戰鬥性能不如F-86，但作爲戰鬥轟炸機其性能遠優於F-80，而且戰場存活率也較F-51高。這些飛機由二戰時護航航母改裝的美國海軍飛機運輸艦運往日本。

　　運輸途中，部分F-84和F-51被腐蝕，遭受損壞。這種現象讓海軍航空兵以外的部隊幾乎很難理解，也讓一直試圖創建海基空軍的外國空軍備受困擾。最近一次是在一九七二年，爲降低成本，採取了一種對巡洋艦和驅逐艦現貨供應直升機的機制，海軍一批直升機又因此被腐蝕，遭受嚴重損壞。

　　普遍認爲，朝鮮戰爭初期聯合國軍的戰機中只有北美的F-86「佩刀」能和

米格-15戰機一決雌雄。當這種趨勢愈發明顯時，空軍從蘭利空軍基地調撥該型重要戰機，部署了一個聯隊到首爾附近的第14金浦空軍基地。F-86的主要任務是在朝鮮西北角鴨綠江以南對對面的中國米格-15機場的飛機實施攔阻式空中巡邏。F-86由位於朝鮮西海岸的一個叫做「尤多里」（Yodo-ri）的海島上的聯合國軍雷達基地引導。該雷達基地由美國空軍的人員控制，能夠追蹤從中國機場起飛過鴨綠江的米格-15飛機，並且引導控制從位於首爾附近的金浦和水原機場起飛的F-86戰機在朝鮮西北角稱為「米格谷」的位置實施攔阻式空中巡邏，攔截和擊落越過鴨綠江的米格戰機。除首要任務為攻擊中國的米格戰機外，F-86還能用於攻擊航速較慢、機動性能差的戰術戰鬥機，為聯合國軍地面部隊提供支援。實施攔阻式空中巡邏意義重大，因為一旦米格-15機群通過F-86的防護幕，它們同航速慢、載荷大的強擊機聯合，就會製造大麻煩。

米格–15戰鬥機

米格-15是一款性能非常優越的戰鬥機，一些分析家甚至認為比F-86E更先進。它爬升速度更快，轉向更迅速，總體機動性能更強。不過「佩刀」俯衝速度更快，瞄具和機艙除霧系統更先進。米格-15由俄羅斯設計製造，並提供給中國，在鴨綠江北面的中國機場起飛。據空軍最好的F-86戰鬥機飛行員描述，米格戰鬥機飛行員表現出極佳的空戰能力。美軍一直懷疑米格戰鬥機飛行員來自歐洲或蘇聯等國家，直到一九九五年這種懷疑才得到證實。蘇聯一家新聞媒體評述，米格戰鬥機飛行員大多都在二戰中與德國首波梅塞希密特和福克‧沃爾夫戰鬥機飛行員正面交鋒過，具備作戰經驗。二戰中最頂尖的蘇聯王牌飛行員，擊落62架敵機的伊萬‧闊日杜布就是朝鮮戰爭中米格-15第一師的指揮員。難怪美國空軍F-86的飛行員都認為中國米格-15飛機飛行員是強勁的對手。

雖然大批飛機投入太平洋戰場（來自國民警衛隊的F-51、來自北約的F-84以及來自美國本土的F-86），但在韓國組織這些力量的防禦也要耗費大量時

間。在一九五〇年八月到一九五一年一月的朝鮮方面的進攻中，除釜山防禦圈的機場外，韓國的空軍基地都面臨被摧毀的危險。直到一九五一年中國發動春季攻勢前，聯合國軍才穩住了首爾以北防線，保住了首爾和大邱地區的機場。

　　爲修復那些被砲火侵蝕、飛機轟炸，甚至遭戰車摧殘而嚴重損壞的大量機場跑道和設施，工程隊需要做大量工作。因爲所有的機場都被至少攻擊過一次，首爾附近的機場則被攻擊過兩次。

　　韓國空軍在其東海岸距離非軍事區20英里的江陵野戰機場駐有一支小型F-51中隊。同時駐江陵的還有美國的顧問團以及駐日海軍司令部部署的一支艦隊飛機勤務中隊特遣隊。這支部隊的主要任務是維護由於機械故障、火砲損壞或天氣原因不能返回第77航母特混編隊的飛機。江陵機場是最靠近第77特混編隊作戰海域的友鄰機場，在其維護下很多海軍飛機都重新返回航母。江陵機場很原始，跑道是用鋼網鋪設的，維護設備都放在長拱形活動房屋、巴特勒式棚屋以及帳篷裡。

　　聯合國軍地面部隊的戰術空中支援由兩個司令部承擔，一個是空軍第五航空隊所屬的駐韓國岸基中隊；另一個是第七艦隊，主要是第77特混編隊所屬的航母航空大隊。爲減少衝突，明確權責範圍，將行動範圍由貫穿朝鮮半島的經線一分爲二，東邊部分由海軍負責，西邊部分由空軍負責，並且不管國家和軍種，整個韓國的岸基飛機都由空軍負責。

海軍航母的部署

　　除空軍駐韓國第五航空隊外，航母艦載機中隊是韓國戰術航空力量的另一組成部分。海軍航母艦載中隊隸屬第七艦隊的快速航母打擊力量——第77特混編隊。第七艦隊和第五航空隊的作戰行動由麥克阿瑟將軍直接負責。第77特混編隊通常包括2艘「埃塞克斯」級航母，每艘航母上配備1個標準航空聯隊（含2個F9F-2「黑豹」噴氣式戰鬥機中隊）、1個F4U-4「海盜」中隊和

1個AD「空中襲擊者」中隊。有時候航空大隊也會用F2H-2「女妖」來代替「黑豹」，但這種情況並不常見，一般只有在大西洋艦隊的航母部署到西太平洋時才會發生。

戰爭爆發後不久，海軍作戰部部長弗李斯特‧薛曼將軍決定盡可能多地聚集航母到朝鮮戰區。然而，美國已承諾將2艘攻擊型航母部署到位於地中海的第六艦隊支援北約行動。維持2艘前置部署於第六艦隊的攻擊型航母的同時，保障另一支航母力量在西太平洋的戰鬥行動困難重重。因為此時航母仍處於戰鬥力形成階段，艦船是從後備役艦隊中恢復使用的，飛機也是從海軍後備隊中調集並從封存倉庫中啟用的。海軍難以掌控這些逐漸增多的艦船和飛機中隊。

為了平衡航母力量，海軍決定將4艘西太平洋的攻擊型航母分配到第七艦隊。這將使第77特混編隊隨時能夠保持2艘航母存在。每艘航母實施前沿作戰行動的時間可為30天。換班時，航母返回佐世保或橫須賀的美軍基地需要2天，在港保養修理加上艦員休整娛樂需要9天，返回第77特混編隊需要2天，接著又換其他航母，這樣周而復始。

那時基於3：1的磨合計畫原則，在西太平洋前置部署4艘攻擊型航母共需要12艘航母的力量：平時的維修保養、訓練、本土行動、中途換班、前置部署的週期輪換中，只有三分之一的現役艦隊航母能夠前置部署。國家的攻擊型航母數量是無法滿足部署12艘航母在太平洋艦隊，同時又不背棄對北約義務性承諾的。減少北約的航母數量是不現實的，因為蘇聯仍是美國及其盟友的現實敵人。事實上，在北約領導人看來，朝鮮戰爭就是克林姆林宮打壓西方勢力的詭計。在第七艦隊部署4艘航母將需要大西洋艦隊的持續協助，並縮短航母維護和訓練的週期。

為克服困難，就需要採取相應措施。其中之一是人員換艦部署，這也是克服一些關鍵崗位士兵缺乏的唯一方式。當一艘航母結束部署期從西太平洋返回美國本土時，其中一些船員被轉移到日本再次分派到另一艘前來換班的攻擊型航母上。航母上的士兵數量經常不足，尤其是技師和甲板工作人員，如彈射器

操作員和飛機主管。沒有經驗豐富的軍士，航母就無法啓動或實施飛行行動，因此只要有需要，航母任何時候都可在美國本土進行人員換艦部署。部署在西太平洋的航母返航後，一些重要的士兵可以休1～2周的假，時間長短取決於下艘航母的起航時間，時間一到他們就會被部署到下一艘航母上。人員換艦部署極大影響士氣，因爲2次7個月的巡航，反反覆覆，只有一周的休息時間，這對於過度勞累的士兵來說非常艱難。海軍陸戰隊第一師長津湖之戰突圍後再次立即投入行動，士氣並未低落多少，然而數千名犧牲的戰士再也回不了家。因爲航母上沒有電視或新聞影片，士兵們看不到這些，他們只能看見聖地牙哥的鄰居，阿拉米達（飛行基地）的員工從飛機製造廠和造船廠獲得豐厚報酬，並和加里福尼亞的家人共同享受生活。打仗既要考慮大砲又要考慮黃油，延長服役期限無疑使這些重要士兵的士氣受損，如果因此造成士官大量離開海軍，形勢將更糟。最終多虧了美國水兵的優秀品質，他們非常理解人員缺乏的形勢。新來的士兵和軍士能迅速從老艦員那裡學會相關技能，開始填補軍士領導崗位，補充到甲板工作人員和輪機艙技師中去。

再編入服役的老航母搭配新的航空大隊，使得第77特混編隊維持著原有的戰鬥力。戰爭中第77特混編隊共有11艘不同型號的攻擊型航母，性能都達到艦隊的標準。

戰後第一年，前線鞏固，第77特混編隊也形成了符合作戰使命的高效行動模式。兩艘航母從上午五點到夜間九點實施飛行行動，一天16小時。艦載機每一個半小時輪換一班。上午五點到六點半和傍晚七點半到九點這兩個最早班和最晚班由F4U-4N夜間戰鬥機和AD-2N夜間攻擊機分隊實施。飛行崗位上午四點時開始工作，晚上十點時停止工作，中間有半小時吃飯和上廁所時間，但沒有時間離崗休息。

航母的空中行動都在一個叫做「歐巴點」的地理參照物的固定區域周圍，這個點在元山港正東125英里處。「歐巴點」位置優越，覆蓋了從元山到清津的朝鮮東北部大部分目標。並且它處於海上，位置夠遠，不會被在朝鮮和亞洲大

陸上空飛行的飛機發現。只有航母需要在一個單獨的目標區集結或展開特別行動時，編隊才會離開「歐巴點」。雖然航母會盡力呆在「歐巴點」周圍，但空中行動會使航母離開這個參照點一段距離。輕微的風力影響、長時間拉開距離的起降行動使航母持續3小時以30節的速度航行，也會造成偏離「歐巴點」。有時第77特混編隊在夜間飛行行動完成後才會返回「歐巴點」附近。

編隊航母之間間距4000碼，航向與風向成90度。中間會有巡洋艦或戰列艦領航，而且驅逐艦要與風向形成一個彎曲的線狀防禦層。實際飛行訓練中，導航艦變換到航母作戰飛機一側，驅逐艦成疏散配置，距離航母尾跡1000碼，形成對飛機的警戒隊形。通常航母都要求同時起降飛機，但只有資深艦長領航時才可以做到，經驗欠缺的航母艦長常常偏航，不能與風向保持適合的角度，所以飛機在航母上一般會交替起落，每45分鐘輪換一次。這樣整個特混編隊由作戰的攻擊型航母引導。整個航母特混編隊的運作體系源於二戰時期，因為護衛艦在編隊中需要保持陣位，甚至航母加速到30節起降飛機時也要如此，所以耗費油料，開銷巨大。

因為返航的飛行員要利用「歐巴點」或在其附近的航母進行導航，並評估油料狀態是否能順利返航，所以航母要盡量不偏離「歐巴點」太遠。一九五三年六月，「拳師」號航母的第653戰鬥機中隊的3架F9F-2飛機耗盡燃料，在第77特混編隊附近緊急水上迫降。這不僅是因為在輕微東風的作用下編隊遠離東方，還由於甲板事故耽擱了起飛，因而影響了飛機返航，造成「黑豹」返航時，甲板跑道根本無法降落。

後勤與航母著艦

實施三天飛行行動後，第四天，第77特混編隊就要進行補給，向東航行50英里與在航的補給大隊會合。補給大隊由油船、軍火船和常規物資補給船組成。雖然補給日不飛行，但航空大隊要忙著檢修飛機，艦員們要忙著卸載彈藥

和物資，甲板工作人員要忙著修理裝備。顯然這並不是一個「無所事事的星期天」或日常假期。

航空大隊的飛行員確實可以休整一下。海軍規章禁止在甲板上喝酒，但也有例外：醫藥用途的處方酒精除外。補給前一天下午五點，大隊航空軍醫分別到4個中隊的待命室（每個中隊都有一個專業的特遣隊，如照相偵察機和夜間戰鬥機分隊）給每個中隊分一瓶波旁酒和一瓶蘇格蘭威士忌。飛行員吃著爆米花，看著16mm膠片的老電影，借助酒精得以放鬆；有些人雖喝得爛醉如泥，但不能離開待命室。

補給大隊通過海上補給燃油、彈藥、支援品、人員以及食品等。因此，航母停靠橫須賀或佐世保這兩個前日本帝國海軍基地碼頭時，幾乎不進行後勤補給，只是將無法飛行的飛機靠港後卸到駁船上，然後將其送到最近的海軍航空站進行修理後，再分配到航空中隊。據說一九四一年十二月七日偷襲珍珠港的計畫就是在佐世保海軍基地軍官俱樂部一個私人餐廳裡進行的。一九五〇年佐世保交予美國海軍管理後，日本人的俱樂部成為各國軍官的餐廳，那個私人餐廳也成為了艦員和航空人員理想的宴會場所。

一九五〇年噴氣式飛機裝備航母時，難以適應航母的飛行甲板的操作程序和空中行動方式。一九五一年包括「埃塞克斯」級和後來的航母在內的每艘航母上都部署了兩個噴氣式飛機中隊。航空大隊艦載機滿編約70架，裝滿了修理庫並占據了三分之一的飛行甲板。飛行甲板的後半部分拉緊了6～8根醒目的攔阻索。甲板中部有攔阻網，與攔阻索一樣橫貫飛行甲板。

攔阻網的作用是當著艦鉤未能鉤上攔阻索時，阻止著艦飛機撞到其他「大堆物體」上。「大堆物體」指的是飛行甲板上停放的密密麻麻的飛機。這些剛剛著艦的飛機，都滑行至甲板尾部等待重新裝備和燃油補給。如果一架剛剛降落的飛機出現機械故障，在下次飛行前需要修理，飛行員在飛機滑行出制動區時，就對飛行甲板上身著黃色衣服的飛機主管打拇指向下的信號。這架飛機就立即會被停到甲板邊緣的升降機旁，載至修理庫，由早已待命的中隊維修人員

快速修理，爲下次飛行做好準備。

如果下次飛行前，飛機不需要修理，飛行員就打拇指向上的信號，直接滑行至停放的飛機旁，等待燃油補給和重新裝備，以執行下次任務。所有停放的飛機周圍都遍布爲飛機再次起飛服務的汽油管、炸彈搬運車、導彈運輸車以及電力車。身著紫色衣服的燃油補給員負責抽取汽油；身著紅色衣服的彈藥補給員負責懸掛炸彈和火箭彈、插電源以及安裝保險絲；身著綠色衣服的人員負責取下飛行員的氧氣瓶進行小修理；身著棕色衣服的飛機領隊負責從機頭到機尾逐一檢查他們所管的飛機，以確保下次飛行無誤——主要檢查控制面板是否鬆懈，輪胎是否足氣，油壓是否正常，鉚釘是否牢固，是否有高射火砲留下的壞損。所有這些工作都在甲板相對風速達35節，洗滌螺旋槳的交叉水流以及飛機噴射的氣體等影響下進行。「大堆物體」的尾部，永不停息的是著艦的飛機全速刹車停止，爲下架飛機降落迅速空出著陸區時螺旋槳的巨大轟鳴聲。

飛機著艦的時間間隔是30秒，作戰部署後期，一艘經驗豐富的航母及其飛行大隊能將間隔降低至25秒。掌握好時間間隔是飛行員的職責，也是航母要求飛行員掌握的技巧中一項比較難以把握的技巧。時間間隔太短，前一架飛機來不及騰出著陸區，後一架飛機的飛行員就得復飛，再次回到飛機著陸循環的順序中去，多繞一圈。復飛會延長著艦時間，增加平均間隔。拖延著艦時間，就會相對地減少燃油補給和重新裝備的時間，而這些時間如果得不到保障，就只能匆忙完成，繼而會增加失誤的概率。

飛行員會因爲著艦技藝不佳或甲板阻塞而復飛。飛行員在最終著艦的前半部分都沒有問題，主要問題集中在最後10秒，飛行員若不能正確把握高度、速度以及隊形，而導致多餘的二次機動，會造成不良著艦。位於飛行甲板尾部的飛機降落指揮官的任務就是以最佳著艦方式來調整即將著艦的飛行員有偏差的著艦方式。因爲飛行員有自己的著艦方式，飛機降落指揮官嚴格意義上並不控制飛機，但是他的信號能讓飛行員在即將著艦時改變危險的高度。如果著艦飛機超過了允許範圍內的高度和速度，飛機降落指揮官將讓其復飛，進行第二次

嘗試。復飛不僅會減緩著艦速度，而且會增加飛行員的心理壓力。每次復飛都會過度消耗有限的燃油，尤其對於噴氣式飛機會構成潛在危險。對於噴氣式飛機來說，低高度高速飛行耗油量將大大增加，而很少有飛行員在經過一次戰鬥行動返回航母時，還有足夠的燃油進行2～3次著艦復飛。

相對於現代的斜角度甲板，直通型甲板的航母著艦事故率更高。這通常是由於飛行員的偏差以及飛機降落指揮官不能及時發現並讓其復飛造成的。觸甲板太快會導致飛機彈起，著艦鉤跳過攔阻索，這時攔阻網就發揮出作用了。攔阻網的作用就是防止由於著艦技術不佳、著艦鉤損壞、攔阻索分離等原因造成的任何沒有鉤上攔阻索的飛機扎進停放的機群。

在直線跑道的末段減速，會導致飛機下沉，撞擊飛行甲板尾部，這通常會造成座艙後半部分受損，因為機身兩邊在100英里/時的速度作用下會坍塌造成失火。

二戰時期，只有一種簡單的金屬攔阻網，它直接作用於飛機螺旋槳，以最小的損傷從根源上使飛機停止。螺旋槳的損壞通常一天之內就能修好，保證飛機能再次回到飛行時刻表上。螺旋槳類型的攔阻網也可用來攔阻噴氣式飛機，但是會造成結構性的損壞。因此新型攔阻網的設計及安裝勢在必行。位於飛行甲板狹小通道上的攔阻網操作員主要負責在飛機即將降落時升起適合的攔阻網。雖然存在潛在危險，不過位於甲板邊緣的艙面人員很少選錯攔阻網。

隨著噴氣式飛機的引入，慘烈的航母著艦事故接踵而來。螺旋槳飛機只要其飛行員在飛機降落指揮官的指揮下切斷電源，飛機基本上就熄火了，停飛後只要向前滑行至甲板停放處就行。然而，噴氣式飛機的發動機需要其渦輪停止轉動，其動力是慢慢降低的，完全關閉油門後飛機仍然在飛，飛行員需要將其降落在甲板上向前滑行時才能加以控制。噴氣式飛機著艦速度很快，比螺旋槳飛機快40節。因此著艦技術不佳就會彈起越過攔阻網，以超過100節的速度衝進甲板機群，撞毀停放的飛機或撞上工作人員，勢必引發艙面上靠壓力抽取的高辛烷汽油及暴露在甲板和飛機上的彈藥爆炸，火勢會迅速在甲板機群中蔓延。

一九五〇年，噴氣式飛機在航母上行動多年後，因爲這類事故頻發，只好在航母飛行甲板原有的兩道攔阻網前又加了第三道。這道攔阻網叫做「路障」，艦員們卻戲稱爲「網球網」，它用結實的尼龍皮帶和鋼絲繩交錯，從甲板平面垂直於甲板的鋼索被拉緊吊到距離甲板18英尺的高度。失事飛機的機頭會戳到垂直的尼龍皮帶中間，皮帶會挽住機翼，從而將飛機截住。它可以以最小的損傷讓失控的飛機停下來。但是也發生了一起「女妖」噴氣式飛機的事故：垂直的尼龍皮帶收緊了最上方的鋼絲繩，勒進座艙中，飛行員因此意外致死。此後所有噴氣式飛機著艦後都必須關閉座艙蓋。

海軍立即開始給艦隊所有的航母安裝「路障」。朝鮮戰爭開始時，我在「福吉谷」號航母上的第111戰鬥機中隊駕駛飛機。由於「福吉谷」號航母沒有安裝「路障」，所以一九五一年十一月駛往朝鮮途中，就被轉到橫須賀的海軍基地。在來自新澤西州雷克霍斯特海軍航空工程站的工程師和技術人員的監督下，依靠100多名日本造船廠工人，兩天內成功安裝了「路障」。而在美國造船廠的正常狀態下，安裝這個設施至少需要一個星期。

不幸的是，竟然仍然有飛機還彈起或飛過「路障」，在甲板上發生撞擊事故。一九五三年，那時我還是第52戰鬥機中隊副中隊長。在「拳師」號航母的部署準備過程中，第52戰鬥機中隊的一名替補飛行員駕駛的F9F-2「黑豹」飛機觸地後失控，反彈越過「路障」，在前方飛行甲板上被撞毀。那名飛行員是位中尉，二戰時駕駛過螺旋槳飛機，朝鮮戰爭爆發後從後備隊召回至現役。

飛機彈射器

朝鮮戰爭中，航母作戰行動的第二個改變也是由於噴氣式飛機不斷引入航空大隊而發生的。二戰時，整個航空大隊飛機從航母甲板上起飛都是依靠飛機自己的動力。起飛時航母必須頂風，使甲板相對風速達到30～35節，飛行才能達到需要的速度。對於螺旋槳飛機來說，這足夠使其依靠自身動力全負荷起飛。

　　對於噴氣式飛機來說就不行。噴氣式飛機加速較慢，如果沒有彈射器提供額外的助推動力就無法達到起飛速度。而早期的航母是無法使戰鬥載荷的噴氣式飛機在甲板上起飛的。所以航母艦載機聯隊所有噴氣式飛機中隊必須依靠彈射器彈射。「埃塞克斯」級航母的兩個彈射器安裝在飛行甲板的前進方向。彈射器通過一個鋼纜索連接滑輪系統，使用液壓活塞沿著飛行甲板軌道推動滑梭。航母上的彈射器類型有多種，改進型耐用，功率也大。彈射器能使10噸或更重的飛機從靜止狀態在100英尺長的距離內加速到100節。

　　彈射時需要飛機小心對齊並鉤掛到彈射器上，這需要45秒到1分多鐘的時間，長短取決於飛行員的經驗、彈射器操作員的熟練程度和飛機的種類。可同時使用兩個彈射器，航母每半分鐘彈射一架飛機。而螺旋槳飛機每10秒就能起飛一架。

　　就像所有的機械裝置一樣，彈射器也會損壞。一個彈射器不能用時，航母上飛機的彈射率就減半；兩個都壞的話，飛機就只好停飛，所以航母甲板上的飛機彈射器的維護尤其重要。因此，彈射器維護人員需要達到人員配備的最大值，零件也要非常充足。因為彈射器交替維護使用，所以較少出現故障。如果彈射器問題嚴重，就會有專家前往修理。在韓國岸上和日本，海軍有一支特別的負責故障檢修的文職技術員隊伍。這支隊伍隨時準備在6～12小時內趕往世界各地的任何一艘航母上。作戰的航母很少會出現同一時間所有彈射器（在戰爭最後幾年航母都配備有3～4個彈射器）都出現故障的情況。

　　由於強化了航母彈射器的可靠性，彈射器維護人員就肩負重任。只有在港內沒有任何空中行動計畫時，他們才可以拆卸、檢查、維修、保養彈射器。而航母停泊靠港不會超過10天，因此靠港放鬆時，彈射器維護人員最多只有一兩天的自由時間。

　　飛行員也格外關注彈射器，因為他們把生命交到彈射器操作員和維護人員手上。如果彈射器工作不正常就會造成致命的事故。朝鮮戰爭早期，可搭載噴氣式飛機的航母數量急劇膨脹，三年內從10艘增加到19艘，而對一些航母來

說，缺乏經驗可能導致危險。甲板邊緣控制面板旁的操作人員通常是具有一九年軍齡的下士。雖然他深知自己責任重大，但是由於天氣、飛機氣流、噪聲等影響，在飛行甲板上面對不斷變化的情況，他也有可能心浮氣躁，看錯手勢。現代航母在甲板前進方向中部都設置了一個彈射器操作崗亭，所有的彈射器操作員的飛行甲板防護帽外都帶有一個短程無線電接收器耳機，由於這個大耳機他們被稱爲「米老鼠」。

因爲必須覈實設備和電力並調整好控制裝置，飛行員主要擔心的是在他準備好後，飛機是否能彈射出去。彈射太早通常是致命的，因爲滿載油料和彈藥的飛機沒有浮力，會立即下沉。這被稱爲「冷彈射」，因爲彈射後，飛機發動機還沒有足夠的動力飛行。有些「冷彈射」是因爲機械故障引起的，而非操作員的人爲原因。飛機由一個一次性的障礙物制動，並由一根一次性的鋼纜索牽引，其中有任何機械失誤或調整不合適，在彈射器運行後飛機都可能達不到起飛速度。

一九五三年在朝鮮的最後幾個月裡，我在第52戰鬥機中隊駕駛一架「黑豹」執行近距離空中支援任務。當我滑行至「拳師」號航母的左舷彈射器時，前一架飛機一起飛就立即消失在甲板下方，扎進海中。左舷的彈射器操作員愣了一會兒，一陣慌亂的手勢和喊叫後，身著黃色衣服的飛機主管指示我滑行至彈射器位置，準備掛到滑梭上。我搖了搖頭，在確定我前面的事故不是由於「冷彈射」造成的之前，我不想掛滑梭進行下一次彈射。我用特高頻無線電呼叫艦上飛行控制中心，告訴對空指揮官（一位資深指揮官）在他親自確定彈射器可以使用前我不會掛滑梭。不到1分鐘，他回復墜毀源於飛行員自身原因。中隊長與他一起進行的首次飛行，也認爲是由於彈射後飛行員操作不當導致飛機失速。彈射器維護員檢查了設備和儀表，報告所有數據正常。我知道對空指揮官壓力很大，因爲艦長責令其按進度表完成起飛任務。我只能很不情願地滑行至左舷彈射器位置，仔細檢查設備、調整好飛機、加固安全帶、解除救生背心充氣拉環（黃色的救生背心是美國海軍的標誌）後，我舉手敬禮，意思是準備

完畢。在我改變主意之前，我被送上天飛往朝鮮。

行動樣式

朝鮮戰爭中航母的作戰樣式與二戰中截然不同。二戰最後決戰中，快速航母打擊大隊，如哈爾西將軍的第38特混編隊和斯普魯恩斯將軍的第58特混編隊，都由若干個航母特混編隊組成。每個編隊有3～5艘航母（普通航母和輕型航母）提供打擊力量，由戰列艦、巡洋艦和驅逐艦組成對日本艦船、飛機和潛艇的防禦隊形。特混編隊的航母都是艦隊級航母，甲板寬大，能夠搭載大量最新的戰鬥機，航速能達到30節。因爲特混編隊要利用高速到達目標區，利用速度、作戰飛機的打擊半徑，達成靈活性和突然性，所以30節的速度是包括戰列艦、巡洋艦和驅逐艦在內的快速航母打擊大隊的基本要求。這是美國海軍在一九四四～一九四五年橫跨西太平洋的主要優勢。

對於航母打擊中隊來說，快速航母作戰的具體時間表爲：2個月訓練、改裝和籌劃；1個星期快速到達目標區；4～5天的密集戰鬥；與「零式」飛機空中交鋒，攻擊日本戰艦和艦船，襲擊敵人機場、海軍基地、武器製造中心等岸上目標。然後編隊也許就機動到1000英里遠的另一個目標區，執行相似的一系列戰鬥機襲擊或攻擊水面艦艇以及打擊岸上軍事設施的任務。在1～2個目標區完成突擊任務後，特混編隊撤回至前進集結海域進行整修和休整，其他的艦隊，如第三艦隊和第五艦隊，隨各自快速航母特混編隊（第38特混編隊和第58特混編隊）行動，負責對日本領土的快速、遠程和縱深打擊。對於飛行員來說，簡短、高強度的戰鬥過後是相對的較長時間的準備時期，這段時期他們將在比較分散的區域上打擊一系列新的目標。這些行動中比較典型的是馬里亞納群島的「射火雞大賽」（由於戰鬥中日本飛機被美國戰鬥機玩弄般地重創，故被戲稱爲「射火雞大賽」）、打擊臺灣島、空襲日本本島。

朝鮮戰爭中航母的作戰樣式則有所不同。第一年，前線不太固定。聯合國

軍打到鴨綠江時，遭到中國人民的反抗，並逐漸加強，並實施反攻。在這些戰役中戰術飛機的打擊目標多種多樣，覆蓋朝鮮半島廣大區域。一九五一年，沿著最終的非軍事區分界線前線相對固定，從本質上說，一直到一九五三年達成停戰協定，兩年內飛行員的任務沒有改變。

雖然任務模式固定，但不能因此被苛責。面對中國老套的戰術和華盛頓強加的各種限制，我們的指揮官已經以最有效的方式運用了兵力。從另一個方面看，考慮到這場有限性戰爭的特殊環境，中國的戰術合情合理，華盛頓的交戰原則和政策也比較謹慎。

小詹姆士‧霍洛韋上尉任美國海軍「特拉克斯頓」號副艦長時的照片。懷中所抱的就是詹姆士三世,攝於一九二三年該艦甲板,當時船離開菲律賓甲米地省,前往中國。(霍洛韋將軍收藏)

詹姆士·L.霍洛韋三世攝於一九四一年八月。他起初是美國海軍學院1943級的學生，是學院首批三年制的學員，畢業於一九四二年，畢業後就投身到二戰的火熱戰事中。（新罕布希爾州海軍歷史中心收藏，代號：103828）

一九四二年，霍洛韋三世是美國海軍學院摔跤隊的隊員，他一直對摔跤運動饒有興趣。一九九八年，入選國家摔跤業餘愛好名譽中心。（新罕布希爾州海軍歷史中心收藏。代號：103824）

一九四四年九月，「本尼恩」號驅逐艦跨越赤道。當艦艇通過赤道時，老水手和首次跨越赤道的新兵，聚集在船的前甲板，舉行了一個紀念儀式。霍洛韋上尉當時是艦艇槍砲長，也是首次跨越赤道，當天身著外套大衣，手持霰彈槍，模擬雷達天線。（霍洛韋將軍收藏）

一九四四年偽裝樣式中的「弗萊徹」級驅逐艦「本尼恩」號，被譽為「海軍所建造的最成功的驅逐艦之一」。「弗萊徹」級驅逐艦在太平洋戰場上顯示了它的價值，二十世紀七〇年代進行全球部署時，朝鮮戰場和越南戰場上都可見其蹤影。（國家案卷保管處收藏）

朝鮮戰爭中的霍洛韋少校。一九五二～一九五三年朝鮮戰爭中，他先後擔任「拳師」號航母第52戰鬥機中隊副中隊長和中隊長。（新罕布希爾州海軍歷史中心收藏，代號：103825）

一九五二年，「福吉谷」號航母上，一架第52戰鬥機中隊的F9F「黑豹」飛機正準備起飛。（國家案卷保管處收藏，代號：80-G-428122）

霍洛韋少校正爬進一架格魯曼F9F-2「黑豹」噴氣式戰機座艙，當時他任「拳師」號航母第52戰鬥機中隊中隊長。（新罕布希爾州海軍歷史中心收藏，代號：103852）

攝於「埃塞克斯」級航母飛行甲板上的一架中隊的A4D-2噴氣式攻擊機前，霍洛韋中校當時任第83攻擊機中隊中隊長，旁邊為飛行編隊飛行員。從左至右為：傑克‧亞當斯；霍洛韋中校；查理‧亨特，越南戰爭中因其勇敢表現榮獲十字勳章；亨利‧斯特朗，榮獲傑出飛行勳章，越南戰爭中任A-4飛機中隊中隊長時犧牲。（霍洛韋將軍收藏）

一九六六年七月,在第一次越南戰爭部署後,數以千計的人在
珍珠港參觀「企業」號。(霍洛韋將軍收藏)

一九六六年六月二十日,「企業」號在救火船和小艇的簇擁下穿過金門橋。對舊金山灣地區來
說,「企業」號進駐新港阿拉米達那天是個喜慶的日子。(霍洛韋將軍收藏)

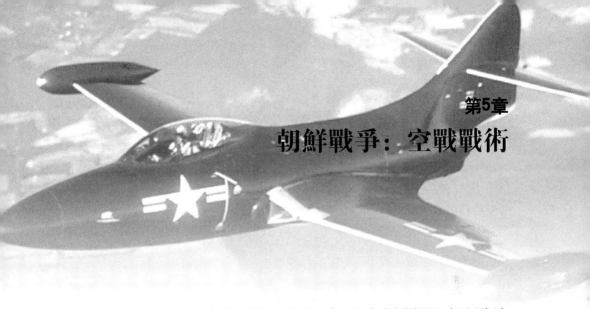

第5章

朝鮮戰爭：空戰戰術

在作下同聯合國軍在朝鮮交戰的決定時，中國共產黨領導層必定已理解和接受美國海軍航空兵和空軍具有絕對制空權的事實。但是中國軍隊堅持在這種情況下打這場硬戰，並堅信他們會取勝。他們判斷，歷經多年與非共產主義世界的對抗的磨礪，已經有針對性地發展了對付聯合國軍絕對制空權的戰術。中國軍隊和朝鮮同盟利用夜間和不良天候進行機動，以此限制美軍的空中行動。白天他們躲避在村莊中或進行偽裝，避開空中觀察，在這方面他們絕對稱得上頂級專家。他們深知他們的部隊或車輛一旦被聯合國軍發現，就會立即被打擊。

駐韓國美軍指揮官們也堅信美軍部隊完成部署後，就能在戰區建立絕對的空中和海上優勢。但是問題出現了：如何利用這些空中和海上力量打敗一支由一個相對原始的工業國家控制的半游擊化的軍隊。沒有海上通道需要遮斷，也沒有重要的工業中心需要摧毀，因此朝鮮戰爭中空中和海上戰術的運用與以往任何戰爭形式都不相同。朝鮮戰爭將是一場對抗地面部隊的戰爭。空軍和海軍的角色轉變為支援地面部隊作戰。這與二戰中對付德國和日本的軍事目標和所用的戰術以及計畫對抗蘇聯政治集團的北約戰爭的軍事行動方式截然不同。

這都不是需要考慮的主要問題。飛機容易適應新戰術，航母也必將是對抗敵人的海軍主力，他們的任務基本上都是支援地面部隊作戰。水面艦艇和潛艇除了熟悉作戰海域外，基本上與作戰毫不相關，因為敵人並不對潛艇和主要的

水面艦艇構成實質性的威脅。甚至在二戰的太平洋戰場登島戰役中如此重要的對岸火力支援，與關鍵的對朝鮮半島的陸上戰役相比都顯得微不足道。

航母艦載機實施空對地作戰的4種方式是：近距離空中支援、打擊固定目標、道路偵察、主要補給線遮斷。只有前兩種（近距離空中支援和協同打擊）是航母艦載機在朝鮮戰爭之前的常規作戰方式。

當航母在朝鮮戰爭中持續行動時有一種現象很明顯：當在戰爭初期，可確認的橋樑、工廠、機場等有限的目標都被空中打擊摧毀後，對地面部隊的近距離空中支援就一直是艦載機行動的重頭戲。鑑於中國和北朝鮮軍隊主要依靠偽裝躲避探測行動，偵察型的任務就變得很重要。通過偵察道路的交通運輸情況，及時打擊發現的部隊和車輛；在遮斷行動中，還要攻擊提供情報的友鄰部隊的分散地區以及補給倉庫。

一九五〇年七月，「福吉谷」號進駐朝鮮，第一批飛行員立即就接受了戰術道路偵察的任務。這些飛行員將這些有效的手段代代相傳。位於加里福尼亞州中城（El Centro）的海軍輔助航空站的艦隊空中射擊部隊，是這些戰術條令的組訓單位，負責在航母中隊海上部署前兩周的實彈訓練中相關技能的傳授。

氣候因素

儘管我們的飛行戰術很靈活，但是作戰行動任務十有八九還是由於天氣原因取消了。

一九五三年七月五日，6時15分，我由「拳師」號航母上起飛，帶領第52戰鬥機中隊的4架「黑豹」飛機，對靠近莞島郡（Ipo-ri）附近距離前線北邊20英里的的兵營及補給倉庫實施遮斷任務。朝鮮七月的天氣一般不適合執行這種任務，因為朝鮮半島此時的雲層很低，1000英尺以下的峽谷都有雲層覆蓋，而這些地方正是目標所在區域。雲層最高到2000～3000英尺，在高地上方也有一些雲層。山谷中的低雲層經常阻礙空軍基地的飛行，因此七月的第一周內，駐朝

鮮第5空軍無法識別任何地面的戰術突擊目標。

在「歐巴點」（日本海第77特混編隊航母作戰行動的參照中心）附近，雲底高在300英尺時，就是適航天氣。此時雲層不厚，雲層間有很多缺口和稀薄的地方便於密集飛機編隊減速下降。「黑豹」以最低標準裝備飛行設備，僅包括氣壓高度計、空速指示器、球針儀表、陀螺地平儀。低頻定向儀是座艙內飛行員的「親密夥伴」，只要手動將其調至一個固定的頻率，它就會可靠地將飛行員引導回出發的航站。但低頻定向儀只能指示方向，無法顯示距離。運用該儀表進行飛行時，如果飛機飛過了，指針就會指向相反的位置，飛行員據此判斷是否到達導航臺指示的位置。航母所有導航臺的頻率都在414千赫，因此編隊中只能保持一部航母或其他艦艇的低頻導航臺工作，這是導航原則。

起飛之後，我檢查了設備，發現陀螺地平儀工作不正常。但是幸運的是，機翼指示器一直保持水平，所以我直觀上不需要校正本不存在的傾斜。因為其他的機械裝置和飛行設備都運行良好，我認為不需要中斷飛行。而此時第八軍正迫切需要空中支援，因為中國人民志願軍的參戰扭轉了本應是第八軍決勝攻勢的局面。爬升後，我的飛機進入到一個300英尺高的低雲層中，球針儀表、空速指示器、高度計開始不穩定起來，我躍升到800英尺，朵朵雲層上是蔚藍的天空。雲層上方能見度較好，可以看見朝鮮西面綿延聳立的群山與明媚的白雲形成鮮明對比，白雲下面就是對方的基地。

我往座艙後視鏡中看了看，發現編隊中的其他飛機也擺脫了雲層，緊隨其後。到達1500英尺高度，我進入平飛階段，將速度降至250節，等待空中集結。檢查周邊機號，所有的編隊飛機都已到齊。我們將繼續爬升到10000英尺高度，穿過元山以北的海岸線，到達「陸路進入點」。現在，我可輕而易舉地識別出山脈了。通過無線電和指揮員覈實情況後，第77特混編隊向位於首爾的戰術空中控制中心報告，我們將無線電調至中隊戰術頻率後，前往目標區。現在我們在距離山頂2000～3000英尺的高度，峽谷和低矮的區域被霧氣和厚實的雲層所覆蓋。依靠航位推算法導航，我們10分鐘左右就可達到莞島郡區域，但在10000

英尺高空，肉眼能夠看見的陸地目標就是山頂，根本不可能看見被厚實的雲層覆蓋的目標。

我們轉向南飛行，調至經濟飛行速度。我再次呼叫戰術空中控制中心請求更換目標。中心通知我們朝鮮所有的地方都禁止起落，並讓我們轉到第四信道呼叫「中暑」（呼號），與位於金化（Kumhwa）的戰術空中引導中心聯繫。韓國陸上共有兩個戰術空中引導中心，都位於戰鬥區域或前線的前沿以南位置。他們用安全的甚高頻與交戰部隊通信，為營級地面部隊的戰術空中控制群進一步指派戰術突擊任務，然後將歸航的飛行領機交與前進空中控制點引導，該控制點由偵察機或能夠在視距內觀察到預定打擊目標的散兵坑內的人員負責。不可思議的是，可能因為空中的戰術飛機太少了，他們會用甚高頻開聊。我帶領4架噴氣式飛機向戰術空中引導中心報告，每架飛機上都攜帶有4枚250磅的炸彈和2枚100磅的炸彈。和戰術引導中心立即聯通後，他們要求使用MPQ——雷達控制的投彈系統投彈。MPQ是陸戰隊發展的用於戰術飛機的雷達控制的投彈系統，一般在前線附近對被惡劣天氣干擾、能見度低的目標使用。這個過程類似儀器導航著陸的地面控制手段，或者是地面控制進場。MPQ控制了飛行，包括編隊隊形、航向、航速，以及高度要素的分發。

我們被引導到前線附近的初始點，按照MPQ所指示的大氣壓力校準高度計後轉向南直飛。然後180度轉彎，收緊編隊，小心地將速度保持在300節，高度保持在10000英尺。控制點傳送的航向不停變化，與雷達引導精確匹配，從而引導編隊接近目標。引導點傳輸的航路不斷調整以抵消投彈高度優勢風力的影響。在最終的航路點，我們每隔10秒就進行時間定位投彈。10秒一過我們就被告知調整武器面板。面板上的開關控制著相應的導彈發射架，可選擇解除彈頭或彈尾的引信。彈頭引信解除，瞬時爆炸，可有效打擊部隊、車輛和兵營；而彈尾引信解除有1秒延遲，適合攻擊燃料艙、建築物、砲兵陣地。我們被指令選擇瞬時爆炸，一接到指令，4架飛機同時投下各自的6枚炸彈。

控制點報告，據雷達顯示，所有炸彈投到目標區。MPQ投彈應該非常有

效，因為朝鮮部隊對攻擊毫無預警。由於雲層較低，他們看不見飛機，可能就離開了掩體和散兵坑，做些必要的家務和雜事，對臨近的攻擊毫不知情，因此也較易受到攻擊。另外，炸彈也可能完全偏離了兵營落到貧瘠的山上，因為MPQ引導投彈沒有辦法進行戰損評估，而這是對可視任務的最基本要求。

完成MPQ投彈，我們與前進空中控制點確認過後就轉向東飛行。我想在預定的著艦時間之前返回航母，盡量儲存較多的燃油以防惡劣天氣造成著艦過程延遲。艦長和飛行員都希望在天氣變壞到能見度降低得無法識別航母之前返回甲板。向東進行一段順風的飛行航程後，我們都調整了著艦狀態。在這種情形下，整個行動非常緊張，遇上危險的可能性急劇增加。

我還沒有到達海岸線就報告「到達水陸」，並向第77特混編隊的指揮官報告，但「耶和華」（第7艦隊司令的無線電信號）突然在警戒信道響起，這就意味著所有第77特混編隊的飛機要在韓國就近的機場著陸，取消所有第77特混編隊的艦上飛機起降。因為編隊的上方雲底高和能見度在雲霧中為零，第77特混編隊只好離開「歐巴點」，向東航行。

我立即將飛行模式轉為港口盤旋飛行，油門調為最大續航力，疏散編隊，降低保持隊形所需的反覆增減油門造成的燃料浪費，並開始呼叫「拳師」號，確認「耶和華」指令。飛行控制官強調性地確認了指令。航母不希望任何飛機不顧天氣影響返回編隊，強行著艦，因為此時編隊上空大霧籠罩，並且據氣象專家預測大霧還將持續20小時。

我再次呼叫位於首爾的戰術空中控制中心，讓其引導飛機到最近的韓國機場著陸。中心回復韓國所有機場都已關閉。我再次確認了所有能起降噴氣式飛機的機場情況：江陵的第18戰鬥機野戰機場，大邱的第2戰鬥機機場、蒲項的第3戰鬥機機場、金浦的第16戰鬥機機場，得到的回復都一致——由於大霧關閉。

我詢問戰術空中控制中心是否有其他的解決方案，控制員回答他們也別無他法。所有空軍和陸戰隊的飛機都停在自己的機場，由於天氣原因，從上周開始他們就取消了所有韓國的空中行動。我接著報告情勢非常危急，他略顯同情

地回應著，但沒有發表更多評論。

我編隊飛行員們通過甚高頻也聽到了對話，顯然駐韓國的其他海軍的飛行員也將信道調到了戰術空中控制中心，因為我看見編隊飛機由4架變為6架，增加了2架「黑豹」，從他們機尾的標誌能看出他們來自「普林斯頓」號航母。他們打手勢表示想加入我們的編隊，我拇指向上，表示歡迎他們的加入。此時再也沒有無線電傳輸信號了，顯然這會讓這已成定勢的局面更加混亂。

我們6人面臨同樣處境——沒有地方降落。穿過厚厚的陰雲強行著陸必定行不通，因為所有機場都報告雲層低至接近甲板。鑑於朝鮮山脈的特點，我們尋找一塊平地降落的可能性只有10%，倒霉的話，還會撞上山腰，以150節的速度發生這種事故必定機毀人亡。

我指示編隊人員繼續尋找降落突破口，但飛機機箱燃油只剩500磅時，我只能命令飛行員形成6機梯隊，希望從編隊最後一名飛行員開始，由後至前逐一彈射傘降。我希望傘降的飛行員著陸後能盡可能地快速集結到一起，同時，我不希望發生彈射出的飛行員撞上其他飛機的事件。

不久前中隊飛行員在一次閒聊中還談到彈射傘降到朝鮮的可能性，所以當我們的飛行員都鎮定自若、毫無疑問地確認指令後，另外2名「普林斯頓」號航母上的飛行員必定認為這是第52戰鬥機中隊的標準作戰程序。

現在的首要問題是是否能降落在安全的地域。在情報員週期性的常規情況簡報中著重強調過韓國地圖上一些可能被游擊隊控制的大片區域。一些仁川登陸中被捕的朝鮮部隊官兵，逃脫後跑進了這些山裡。具體的控制區域不詳，只大概說明在安東以北半島中部的崎嶇山嶺地區。韓國在這些地區開通了一些重要道路，但是還沒有開始抓捕全副武裝的游擊隊員。同時，我也希望借助戰術空中控制中心引導跳傘，這樣聯合作戰中心就會知道我們降落在哪裡，可以盡快派出地面部隊到達著陸點協助我們快速集結。

所有的細節通過無線電安排好後，我們逆時針大範圍盤旋。我聯通戰術空中控制中心詢問控制員是否可以主動引導我們降落至安全地域。在獲得控制員

初始引導後，我發現飛機下方雲層有黑點，那是雲層稀薄地方的裂縫，接著判斷出那是靠近海岸線的山頂。那可能就是我們可穿過的突破口。我放棄和戰術空中控制中心的聯繫，以60度的俯衝轉彎徑直飛向那個黑點。出乎意料的是，我看見了水域、海岸線和2000英尺長的鋼網鋪設的跑道。我立即認出那是第18戰鬥機野戰機場，韓國設在江陵的簡易機場。我對韓國和朝鮮的絕大部分機場都瞭若指掌。我調至警戒信道，告訴第18戰鬥機機場塔樓有6架F9F飛機形勢危急，需要緊急迫降。塔樓回復機場由於零能見度已關閉，拒絕降落，並反覆重複了兩次。我回復能夠看見2000英尺的跑道以及東部的末端，我們很快就會落到那裡，並能在濃霧中著陸滑行。

我能理解機場塔樓的通話，它正被濃霧籠罩。塔樓處於7000英尺長跑道的中間，只有著陸端2000英尺的跑道暢通。我重複說明我們從5000英尺的高度能夠看見機場，燃油所剩無幾，沒有其他選擇，要麼進行海上迫降，要麼彈射傘降。塔樓回復如果我們執意要在機場著陸，那麼後果自負，但是跑道暢通。終於得到了一個積極回應，終於有地面人員可以幫上大忙。

我稍微放慢了速度，以獲得著陸的最佳間隔。編隊其他人都聽到甚高頻的通話內容，自然非常支持這個決定，在這個時間就是生命的時刻真的不需要重複一遍了。雲層中的這個突破口會開多久無法預測。這種現象應該是由當地的海岸構造決定的，肯定是山巒、河谷、三角洲、海洋共同作用，在那個點形成了不同尋常的氣流和溫度。

所有飛行員都急劇下降接近著陸點，並以最小的速度接觸跑道末端，以便於控制在大霧瀰漫的跑道上滑行的飛機。一會兒，剛放晴的那塊天空又只有半英里的能見度了。飛行跑道的燈亮著，位於跑道西頭的卡車和吉普車的車燈勾勒出滑行道的輪廓。所有6架F9F飛機安全著陸，停在通常供第77特混編隊使用的停機坪上。來自日本基地的艦隊飛機服務中隊的12名戰士組成的小分隊走出半圓拱形活動房屋為我們提供線路維修服務。

第18戰鬥機機場很擁擠但秩序井然。我們的6架「黑豹」是唯一來自航母上

的飛機。來自「普林斯頓」號航母上的兩名飛行員中的編隊長說，在他和他的僚機飛行員起飛後，其餘飛行都取消了。「耶和華」確認預測的天氣不利於航母行動，聯合作戰中心也通告朝鮮所有的目標區都無法識別。但當取消航母艦載機空中行動的決定傳到第77特混編隊時，我們的飛機已經上路了。本周第18戰鬥機機場應該開放得早一些，因為有很多陸軍、空軍、陸戰隊的飛機和一些通常不停在那裡的輕型飛機在停機坪上。江陵是韓國空軍的機場。

　　我們6人在一個半圓拱形活動房屋的鋪位上住了兩天，艦隊飛機服務中隊人員為我們提供了毯子。我們與美國陸軍的顧問團分隊集體膳食，他們還在活動屋裡搞了一個「俱樂部」。雖然沒有牙刷和換洗的衣服，但是我們過得很舒服，在他們樸實的「俱樂部」內與艦隊飛機服務中隊人員相處愉快。這些事都發生在前線。北面和西面的砲聲不絕，離我們並不遙遠。當地的韓國軍隊隨時精神緊張地擔心被占領，而我們美國人只關心如果這成為事實，我們的撤退問題。

　　兩天後天氣好轉，第77特混編隊的司令通過艦隊飛機服務中隊的通信設施召回我們。當我們滑行起飛時，所有的一切都彷彿過眼雲煙。在單滑行道上，起飛的飛機速度很慢。因為噴氣式飛機在跑道滑行時很耗油，我要求首先起飛。螺旋槳飛機的飛行員很不樂意，但讓噴氣式飛機先起飛是標準操作程序。「海盜」和AD「空中襲擊者」的飛行員尤其不樂意，覺得噴氣式飛機飛行員太喜歡擺譜了。我們興致勃勃，讓螺旋槳飛機的飛行員嫉妒去吧！

　　當我們從滑行道到達跑道後，我駕駛的飛機的左輪卡到了鋼網墊的孔裡。每塊鋼網墊大約是6英尺寬、12英尺長，由一些長方形的鋼條連接在一起，每隔一英寸就會有一個孔，相互拼接鋪滿飛機跑道、滑行道和停機坪。只要有一塊鋼板損壞或鬆動，滑行道上的相應位置就會有一個泥洞。輪子卡住後，除了加足馬力掙脫外別無他法。當我繼續加足馬力準備掙脫時，一個身著連衣褲工作服的空軍飛行員出現在我飛機前向我不停地擺手。我繼續加速時，又來了一個人，身材更魁偉，同樣激動不已。掙脫出泥坑時，「黑豹」飛機瀟灑地向前

移動，我轉到跑道上準備起飛。我迅速回頭看了看，立即明白了這場騷動的原因。我卡住輪子的泥洞周圍，轉上跑道的地方停了一架草綠色的C-47運輸機。飛機C-47運輸機的機尾正好對著我噴氣式飛機的尾流，此時垂直翼上的方向舵正搖搖晃晃的，顯然是由於我機尾尾流正好噴射到它的方向舵的表面，弄壞了它的折葉。這架C-47運輸機肯定飛不了了，也不好修理。我將油門加到最大，呼嘯著衝出跑道，逕直飛往「拳師」號，再次回頭看時，江陵和第18戰鬥機機場已變得模糊不清。

空中打擊群

空中打擊群主要針對預定的固定目標實施打擊，如橋樑、大壩、主要工業區。每個大隊的中隊執行這些任務時，一般螺旋槳飛機攜帶大量炸彈，噴氣式飛機提供空中掩護，抗擊敵方戰鬥機以及用20mm航砲及火箭彈壓制目標周圍高射火砲。打擊群中有30～50架飛機可同時從不同方向對目標進行打擊，「空中襲擊者」實施近垂直俯衝轟炸，「海盜」實施60度的滑行轟炸，噴氣式飛機實施機槍掃射，並在投彈的各個階段實施低水平面火箭彈防禦。針對複合目標，「空中襲擊者」和「海盜」會負責打擊不同的點，但是所有的彈藥在回程的時候都要用光。

這些任務也被籌劃人員稱為甲板裝載打擊，因為飛機的每次行動都是在甲板上進行裝備的。飛行員都被親切地稱為「打擊群探索者」，就算中隊飛行員在軍官俱樂部聚集享受歡樂時光時也可這麼稱呼。對於飛行員來說，成功執行一次任務是對個人專業水準的一次肯定；由於時機選擇不當或目標上空天氣原因，任務完成得不太好，也算完成任務，但會成為下周待命室休息時間其他人的話題。飛行員相互談天說地的這段時間對協調中隊人員關係、在沒有倚老賣老的情況下提高群體聯合行動效能確實有效，因為在激烈的戰鬥中，不太容易準確評估發生的事情。

一九五一年後，「打擊群探索者」逐漸減少，主要原因是朝鮮所有的主要複合目標都被摧毀或列入禁止打擊的範圍。

遮斷

縱深遮斷任務用來打擊前線縱深20～40英里的目標。這些地方經常是部隊聚集區、中國軍隊前往前線的集結地域或者是可疑油料和補給品堆放處。甲板上情報中心的圖片解說員為我們指示的目標的圖片是航空大隊的照相偵察機拍回來的。照相偵察機也是F9F「黑豹」，卸掉了機頭的20mm航砲，換成了固定的照相系統。照相偵察任務由經過專業訓練的指定的照相偵察機飛行員執行。

縱深遮斷任務由大隊日常飛行計畫中的特定中隊執行，由4～8架飛機組成打擊編隊。武器裝載由特混大隊空戰小組的人員負責。

有時縱深遮斷目標是大型可視目標，便於打擊領機識別。例如朝鮮位於鴨綠江邊惠山機場的飛機跑道。每隔兩個星期，「黑豹」8機編隊都會按計畫用250磅的普通炸彈炸平跑道，讓敵機無從起飛。這是一支有趣的編隊，深入對方領土，在中國米格飛機的眼皮底下打擊貨真價實的目標。打擊後就必須猛然向左轉撤回，以免飛到中國東北。我對編隊行動的主要回憶就是鴨綠江北岸的大片無人的荒地。

雖然這些遮斷任務通常在戰略區遂行，但是我們很難識別我們任務對象的真實目標，因為中國部隊和裝備都利用地形、植被和偽裝進行躲避。

一九五二年秋天，當中國人民志願軍利用聯合國軍前線防守的疏漏，機動到前線的後方時，我們集中主要兵力對其發起了一場名為「徹羅基」的特別縱深遮斷行動。「徹羅基」由第七艦隊司令約克・克拉克中將——一個精力充沛、富有幹勁的具有哈爾西特色的將級軍官命名，他親自指揮了空中作戰。克拉克來自奧克拉荷馬州，驕傲地宣稱他是純正的「徹羅基族」。

對方用高效的偽裝技術並進行有效的人員和裝備偽裝，武裝偵察機很難識

別「徹羅基」打擊行動的目標，所以返回艦隊司令部情報中心的圖片解說員大部分時間都忙著找尋「徹羅基」打擊的目標。

近距離空中支援

尤其是在戰爭最後兩年，戰術空中行動樣式中最有價值的就是近距離空中支援。執行這類行動時，航母艦載機依靠空中前進引導點實施主動無線電控制，就在距離我方人員數百碼的地方轟炸敵目標。近距離支援依靠嚴格的作戰程序，以便最大程度地利用我方的飛機和武器，同時最大程度地降低對我方地面部隊造成的傷害。

早期時候，由海軍航空兵和空軍戰術飛機實施的近距離空中支援效果不盡如人意。儘管一般都能保證有行動的飛機，部隊作戰也足夠勇猛，敵人也便於識別和打擊，但是苦於沒有可靠的控制系統，地面部隊無法同飛行員實施有效聯通。從位於東京的麥克阿瑟將軍到普通散兵坑裡的戰士，對這種讓人頭疼的現象都無計可施。

這種現象的根源是近距離空中支援。自從一九四六年重組法案實施，確立了各軍種在朝鮮實施聯合或協同多國行動的角色和使命後，各軍種在計畫安排和作戰條令上從來沒有達成共識，就更談不上事先預演。由於基礎技術通信的問題，對戰術空中力量更加缺乏有效指揮和控制程序，使得空軍、海軍和陸軍的無線電相互不兼容。面對如此混亂的形勢，高級軍官在行使指揮特權時，首先要考慮的應該是運用更加靈活的指揮方式。然而，在朝鮮戰場的現有情況下，創建有效的戰術空中支援體系需要各軍種作出必要的犧牲和讓步，但幾乎每個高級指揮官都以此為恥，因此直到一九五一年才建立了有效的體系，而且運作良好。

從本質上看，該組織機構由三軍將官為代表的聯合作戰中心構成。該中心開始位於大邱，隨後搬到首爾，其聯合參謀部，應陸軍、陸戰隊、韓國軍隊

以及聯合國軍這些地面部隊的司令的要求，統一調度戰略飛機、戰術飛機、海軍艦砲火力等資源和支援武器。和聯合作戰中心同樣位於首爾的還有戰術空中控制中心，該中心負責處理聯合作戰中心選出和下發的所有戰術空中支援的問題。戰術空中控制中心也接受兩個戰術空中引導中心的空中支援請求。該戰術空中引導中心負責處理與敵交戰的地面部隊的空中支援請求，並為其指派飛機。其中一個戰術空中引導中心負責朝鮮東部部隊的事務；另一個則負責西部部隊的事務。每個戰術空中引導中心與其下屬的16個位於團或營一級部隊的戰術空中控制群聯成網絡。戰術空中控制群位於與敵交戰的地面部隊內部，最終將空軍飛機、陸戰隊飛機或航母艦載機分配到前進空中引導點。該引導點由一架輕型的通信聯絡飛機或位於散兵坑的引導員組成，可直接發現敵人，用無線電引導近距離空中支援的飛機。

過程聽起來很複雜，但是考慮到要為美國陸軍、韓國軍隊、美國陸戰隊和聯合國軍提供空中支援的空中基地、陸戰隊機場、海上航母上起飛的飛機的作戰環境，事情就比較簡單了。儘管聯合國軍的戰術飛機無線電使用有所受限，但這些控制引導點為每架飛機提供了4個甚高頻通話信道外加1個警戒信道（或者叫做緊急信道）。因此，通信訓練絕對必要，因為飛機中彈後，通常飛行員會短暫地恐慌，無法確定使用的信道。

航母上所有的飛機中隊都可執行近距離空中支援任務。AD「空中襲擊者」是引導點的最愛，因為其具有1.5小時的空中待命時間和7噸的混合炸彈和火箭彈的載荷。「海盜」的續航力和載荷也不差，雖然不能跟「空中襲擊者」相比，但是要優於噴氣式飛機。「黑豹」飛機通常只有15分鐘的空中待命時間，額定載荷是4枚260磅的殺傷彈或4～6枚5英尺的火箭彈。三型飛機上都裝備航砲。「空中襲擊者」和「黑豹」裝備的是20mm航砲，這是一型破壞性強的反地面部隊武器，與手榴彈相比，爆炸彈片殺傷範圍更大，射速可達到200發/分。

一九五二年到一九五三年的相對陣地戰中，地面指揮員每天都向位於大邱，隨後遷至首爾的空海軍聯合的戰術空中控制中心發送近距離空中支援請

求。這些請求足夠淹沒整個前線的作戰空間。每個與敵交戰的地面指揮官一旦交火都希望得到專門的空中支援。甚至進攻區沒有火力回擊，也有許多的碉堡和塹壕需要連續打擊。

飛機上甚高頻無線電有限的通信信道限制了提供近距離空中支援實際的有效數量。只有4個信道，並且每次行動的信道都相互分離，避免干擾。

通過戰術空中控制中心，聯合地面指揮員的請求被分配給空軍和海軍。因為空軍已經在朝鮮西北部承擔了F-86E對抗米格-15的空中攔截任務，第七艦隊大約擔負了60%的近距離空中支援任務，第七艦隊指揮官再將這些任務指派給具體的航母。這是一種有效的安排方式。陸軍將第二天需要的請求在第一天傍晚傳到首爾，航母在晚上八點分配完任務，便於中隊在九點前及時公示第二天的飛行時刻表，這樣飛行員就能按時休息。只有情報官們要工作到深夜研究目標，這樣第二天他們才能在上午七點給起飛的飛行員們下達簡令。

就算飛機已經起飛，對任務目標的打擊還是很靈活的。預定目標上空的天氣可能會不盡如人意，因為打擊通常情況下至少需要4000英尺的雲底高和3英里的能見度。使用炸彈和火箭彈攻擊時通常採取俯衝轟炸或下滑轟炸的方式，規定最小投放高度是1000英尺，以避免受到炸彈彈片的損壞。另外，前線任何地方的友鄰部隊受阻，如深入敵前線的偵察排難以撤回時，預計在另一個次重要區實施近距離空中支援任務的編隊也可重新部署，為最急需的地方增強空中力量。

噴氣式飛機中隊執行了大部分的近距離空中支援任務，雖然續航力有限，但「黑豹」在機頭配備的20mm航砲，可對敵方部隊形成致命的集中火力。另外，「黑豹」具有較好的速度和機動性能（投放武器後可急速爬升，降低暴露在敵火力下的時間），可以以有利的角度接近近距離空中打擊的諸如部隊、塹壕、地堡等目標，用20mm航砲在100～200碼的較近距離內實施攻擊，並且航砲彈片對飛機造成的危險也較小。由於噴氣式飛機具備這種有利的角度攻擊，如可沿著塹壕實施攻擊，並且可突入最近射程的能力，它往往是前進空中引導點

實施召喚的首選機型。

但是即便「黑豹」具有極佳的速度和機動性能，它也無法完全免受高射火砲的攻擊。事實上，正是實施這些近距離空中支援任務，才使對方大部分火力暴露。因為噴氣式飛機以低高度、近距離接近目標，所以易受中國重型和輕型機槍的自動火力打擊，而這些火力往往無法對2000英尺或更高空域飛行的「空中襲擊者」或「海盜」構成威脅。一九五三年六月，第52戰鬥機中隊2架飛機在實施近距離空中支援時，被敵火力擊落。兩名飛行員在前線縱深一塊平坦的稻穀地緊急迫降，僥倖生還。前進引導點在引導攻擊時，無論何時，在確定從北至南的方向時，都充分考慮了這塊「安全地域」，確保飛機即使被擊中也能降落在友方地域內。

近距離空中支援任務通常戰果顯著，但也會有那麼一兩次不如意的時候。前進引導點知道敵人具體位置，引導飛機使用20mm航砲猛烈攻擊時，飛機能看清楚敵人，但敵人會躲到沙袋堆成的掩體後用重武器回擊，並且從塹壕內躲到碉堡中。所以當噴氣式飛機最後機動，以為已消滅目標，飛回海岸集合點，緊接著脫離前進空中引導點、戰術空中引導中心和戰術空軍控制中心的通聯網絡時，「空中襲擊者」和「海盜」又被召回以水平轟炸的方式用1000磅和500磅的炸彈在前進空中引導點想要打擊的地方投下炸彈。

近距離空中支援在朝鮮戰場效果顯著，美國的戰術空中力量是聯合國軍獲勝的最大也是唯一的優勢。在陸戰隊第一師撤出長津湖的那場鏖戰中，海軍的飛行編隊和陸戰隊的運輸機整個白天在陸戰隊縱隊周邊不間斷地投下火箭彈、炸彈、凝固汽油彈，哪裡需要空中支援就立即趕往哪裡。這種戰術航空兵與陸軍步兵近距離的協同運用在陸戰隊的成功突圍中起了基礎性的作用。

補給線遮斷和鐵路切斷

空中遮斷的作用是阻止鴨綠江以北的補給基地的戰略物資，在中國的庇護

下，躲過聯合國軍的攻擊，通過簡單的公路運輸網和有限的鐵路資源運輸到北朝鮮。中國和北朝鮮部隊需要大量的後勤補給：戰車和車輛的用油料、步兵用的彈藥、迫擊砲和火砲用的砲彈，以及醫療用品、食品、增援部隊等。雖然中國軍隊是輕型師，然而他們也是現代部隊，需要戰鬥消耗，尤其是大量的彈藥消耗。中國部隊進攻的慣例是攻擊前先靠支援部隊以迫擊砲和火砲進行預先火力打擊，然後聚集單兵種和自動武器實施密集的直接火力打擊，很多中國戰士攜帶的衝鋒鎗都具有高速的自動火力。因爲美國海軍嚴密控制了海上通道，即便是很偏僻的地方以及海岸線都無法實施再補給，更不用說元山、興南、清津這些美國海軍有規律地實施火力壓制和轟炸的主要港口，因此中國軍隊所有的後勤補給物資都經由中國陸路運輸。

從中國倉庫到前線的補給線由鐵路系統和公路網組成，大多都很簡陋。鐵路是聯合國軍對朝鮮空中作戰的首要目標。從一九五一年冬天到一九五二年，第77特混編隊空中突擊的主要目標大都直接針對鐵路系統。首要打擊目標是火車頭，其次是火車車身，再次是車橋，最後是運行的鐵軌。

在第77特混編隊針對火車頭被稱爲「粉碎火車頭」的打擊行動連連告捷後，北朝鮮白天盡量將火車藏在又長又深的山嶺隧道中，晚上才開始機動。有時在夜間行動時，F4U-4N或AD-1N飛機就會用火箭彈和空中航砲將火車堵在一個空曠區，第二天從第77特混編隊航母上起飛的「空中襲擊者」和「海盜」等大量突擊兵力就會以重型炸彈對火車頭實施精確打擊，全力摧毀它。此時中國軍隊就會以機動37mm自動火砲群和火車頭附近鐵路沿線的車載重機槍予以回擊。但這並不能阻止航母的打擊行動，只會使任務更加複雜，因爲噴氣式飛機要分散精力用20mm自動航砲、火箭彈，以及260磅的殺傷彈應對高射火砲以及防空車輛的抗擊。由於突擊精力轉移，沒法完成其他戰術任務，導致友軍傷亡率激增。然而，駐停的火車頭對於飛行員來說是頓「超級大餐」，他們會靈活協同運用戰術達成目標，這比切斷車軌更有征服感。

由於火車隧道在保護火車方面起了有效作用，專門遮斷鐵路系統和有利

目標的作戰逐步減少。中隊只好運用各種戰術手段往隧道內投擲炸彈，例如跳彈轟炸。用1000磅的炸彈採取延時引信的方式，在進入隧道的鐵軌上空的最低高度投放，炸彈以平射彈道擊中鐵軌，就會彈進隧道入口，在裡面爆炸。但是這種戰術也存在很多問題：進入隧道的鐵軌必須是筆直的，攻擊的飛機必須有機動的空間，通常一架AD進行低空轟炸後要立即拉起，越過隧道通過的山脈。爲運用這種戰術，也損失了不少飛機，多半是低空接近的途中或投彈完拉起返回時撞上山體。但只要這種戰術成功就值得一試，據說效果很了得。引爆的炸彈的效果就好比引爆的彈藥筒，衝擊波就好像槍膛一樣把所有的威力都集中到隧道深處。儘管如此，但由於朝鮮在隧道入口處鐵路沿線部署了很多重型自動武器，將許多運用平直的、低空跳彈轟炸方式實施攻擊的飛機送入墳墓。

路橋是空中遮斷主要目標，作戰早期，大多數鋼筋水泥的堅固橋墩都被航母艦載機摧毀了，朝鮮重修了主要補給線上的路橋，並在周圍梯次部署了各種口徑的高射火砲。

武裝偵察

第77特混編隊大多數空中遮斷任務的區域都是有武裝偵察力量覆蓋的朝鮮的公路網。由於「黑豹」具有較好的速度機動性能，所以幾乎所有道路偵察任務都由它來完成。很多交通線和補給線都是黃沙漫天的單車碎石路，這些崎嶇道路聯通了朝鮮的山谷和山口。曲折的地形和較多的斜坡影響了低空偵察機的前視能見度，一般不超過幾英里。由於受山地地形影響，武裝偵察任務變得尤其棘手和困難，因爲飛機直到最後一刻才能看清潛在的敵人。不過從另一角度看，地面目標也只有到武裝偵察機飛臨頭頂了才能發現它。如果飛機飛過了目標，飛行員會在空中盤旋，進行第二次武裝偵察。在山路上發現卡車時，它除非掉下山崖，否則無處躲藏。

在朝鮮如興南和元山等濱海平原主要補給線上機動的車輛，數英里以外就能被發現，因此容易成為火砲和艦砲打擊的目標，所以朝鮮和中國軍隊只有在夜晚或能見度較差的條件下才會在這些開闊的道路上實施機動。因為山嶺的阻隔使得火砲或艦砲無法發揮遮斷作用，所以山中蜿蜒曲折的小路不僅只能用飛機才能發現，而且也只能用飛機進行有效打擊。

戰爭的後兩年，共產黨軍隊和聯合國軍形成了相對禁止的東西線對峙，道路偵察以及沿著鐵路沿線的遮斷基本上被用來阻擾敵方作戰部隊的後勤和戰損補給。通常每個飛行日，航母的每個噴氣式飛機中隊都會執行兩次道路偵察任務。每次任務都由攜帶6枚高速航空火箭彈、4枚260磅的殺傷彈並滿載20mm航砲彈藥的4機編隊組成。朝鮮的交通線和主要補給線都被聯合作戰中心標號列入偵察道路。每個指定路段由一個50～75英里的主要補給線組成。因為外載武器、低海拔高速飛行耗油量很大，這是噴氣式飛機編隊最大的作戰半徑。

專門執行道路偵察的戰術編隊積累了很多經驗。不同的中隊基本技巧也不同。午飯後，4架飛機組成標準的雙機密集縱隊，穿過海灘越升到10000英尺高空，向戰術空中控制中心報到。到了偵察路線的初始點，編隊飛機快速從10000英尺下降，形成偵察編隊。首機會降低到距離地面300英尺的高度，剛開始可將空速保持在300節，但由於需要沿著道路迂迴轉彎，速度會迅速降至250節。2號機保持在1000英尺高度，位於首機的三點鐘方向，3號機和4號機保持疏散單縱隊，位於3000英尺以上高空，抗擊來襲的米格飛機，實施空中掩護並負責前方監視協助導航和對高砲預警。

首機飛行員還兼任觀察員，他位於低高度，便於識別地面目標是牛車、卡車還是軍用車輛，決定是攻擊還是放棄。當飛臨目標上空時，觀察員會報告他的評估結果，如，「目標為卡車，以火箭彈攻擊」或「目標為牛車，放棄」。位於1000英尺高度的2號機會嚴密監視觀察機的動向，並從觀察員的報告中瞭解目標位置。在這個位置上，便於它選擇攻擊武器，實施精確打擊。如果使用炸

彈，最低拉起高度要在500英尺，避免彈片損傷。以火箭彈攻擊時，需要平飛一段，在50碼的高度上發射，接著快速拉起。5英寸的高速航空火箭彈威力巨大，爆炸時的衝擊波碎片足以使飛機著火，除非飛機能快速逃離。地面偵察機和1000英尺高的攻擊機的結合運用，使得精確投彈的飛機不必盤旋獲取目標後再實施攻擊。

位於3000英尺高空的第二縱隊負責導航，例如提醒低空飛行員，「前方一英里處轉彎」，或者告訴他「下個彎道附近是高砲陣位」。低空飛行員以250～300節的速度在300英尺以下低空高速飛行，既能避免敵火力威脅又能觀察到「黑豹」機頭下方的道路情況，一舉兩得。2號飛行員實施攻擊消耗完彈藥後，1號和2號飛行員位置再對調。二次攻擊後，第二縱隊和第一縱隊對調，高空第二縱隊到低空位置，消耗完彈藥的第一縱隊除留有20mm航砲對抗米格飛機外，越升到3000英尺以上執行監視和導航任務。

理論上可以這麼實施，但是實際上環境經常不理想，由於天氣原因，高空縱隊總是難以發現低空縱隊，導致4架飛機都低空飛行尋找目標並實施機動避免和僚機飛行員發生碰撞。當遇上高砲火力時，就和其他時候一樣，情況變得更加複雜，戰術運用也更加刺激。中朝部隊經常連夜機動裝備37mm自動火砲和多管大口徑機槍的車輛，將其偽裝在草叢裡或彎道周圍，然後再往路上放置部分報廢車輛。如果觀察員在1英里的範圍內不能發現該目標是假目標，沒人、不在動或者顯然就是報廢車輛，那麼整個編隊將被吸引進一個射擊場。稍有經驗的大多數飛行員都能認出這是個高砲陷阱，他們能察覺它的氣息。

兩個縱隊都要具備在叢山包圍的山谷中以250～300節的速度在不到1000英尺的高度飛行，然後躍升到6000英尺的能力。儘管困難重重，大多數飛行員還是會首選武裝偵察任務。道路偵察是打擊運動的車輛以及人員等可視目標的最佳機會。除了空空格鬥，道路偵察也要求飛行員具備較高的飛行技能，是飛行員展示其飛行能力、射擊技術以及膽量的絕好機會。低空偵察機飛行員經常關閉飛機增壓系統（該系統會在座艙內製造嗡嗡空氣噪聲），這樣就能聽清楚

地面射擊火砲的聲音。因為隱蔽在道路兩旁的部隊經常會開火，所以有時這也是判別途中對方行動的最佳方式。大口徑高射砲發射的曳光彈在山谷內清晰可見，但是沿著曳光彈的痕跡發現火砲陣地卻不容易，只有看見砲口的火光才能發現火砲陣地。

第77特混編隊的責任區——第五紅色道路偵察區，位於路段曲折的朝鮮東部。4機偵察編隊的進入點位於元山南部一個叫高祖島（Kojo）的沿岸。偵察路線沿該點向南飛行4英里，穿過嶼地村（Tongychon），通過村口路東邊1英里處的37mm高砲陣地。接著向西南轉，前行4英里，通過海拔3300英尺的柳東高地（Udongsan）形成的狹長山谷。向西航行1英里到達新存裡（Sinjon-ni），急轉彎飛行1英里穿過蒸坤裡（Chingon-ni）後，向東飛行1英里通過海拔4000英尺的高尹高地（Koyun-san），此處有一枚部署在斜坡上的37mm高砲。然後飛行3英里，經過3個急速的西南轉彎，此時山谷逐漸變寬，一個明顯的湖泊會映入眼簾，到達這個有用的地標後再向西直行5英里，通過高俊高地和帕郭高地（Paegaw-san）形成的4000英尺長的狹長山谷，就到達花村裡（Hwachon-ni）鎮，此地有2枚偽裝的37mm高砲。然後沿著陡峭堤岸的河床徑直飛行4英里，到達另一個37mm高砲陣地，向南急轉沿著高俊高地和2699英尺高地山谷飛行。接著航線轉向西南通過一個海拔260到3000英尺山脈形成的山谷。偵察路線隨後急轉避開新阿母雄裡（Sinamoung-ri）——一個部署了3～4枚37mm高砲的中型村莊。接著通過向南延伸10英里的2923英尺高地和2549英尺高地的陡峭峽谷，向右轉通過昆上裡(Kunsang-ni)河上的一座橋，飛行5英里通過開闊的山谷到達昌道里（Changdo-ri）和普拉啪（Platok-san）高地的東面，一座海拔3600英尺的陡峭高地。通過陰暗的至少部署有1枚37mm高砲的山谷後，暴露通過昌道里村，該村道路旁部署有57mm高砲、37mm高砲和大量的機槍保護此處的小型工廠。通過該火力交叉區後，沿道路飛行13英里，通過沒有固定防空火力的高地較少的村莊，最後到達昌榮裡（Changyong-ni），一塊位於鐵三角（Iron Triangle）的無人區。偵察路線到該點截止，到了這裡飛機可拉起，穿過友鄰地

域。如果此時飛機上還攜帶有彈藥，飛行員可呼叫「中暑」，即一個位於鐵原（Chorwon）的戰術空中導航中心，該中心會提供附近敵人的位置，讓飛機投下剩餘的彈藥。

低空飛行員在100～300英尺的低空以4～5英里/分的速度飛行，並需要在40～60度的轉彎、急轉彎、改變航向時克服地心引力加速，這些任務很耗費體力。平均每分鐘就要轉一次彎，因此精確導航尤其重要。錯過一次轉彎也許就意味著以200英尺的高度直接飛臨37mm高射砲的上空。

然而在道路偵察任務中迷失方向也並非罕事。地圖並非100%準確，也會因為天氣原因看不清導航地標，或者躲避高砲攻擊也會迷失航向。偵察機飛行員身兼數職：尋找目標、提防高砲、躲避山體、和高空編隊的其他人員通信，還要校核導航圖。飛錯路線很危險，進入空情官沒有部署的未知空域，就可能遭遇未知的防空火砲攻擊。主要補給線作為運送彈藥和部隊的主要交通線，通常都部署有大量不同的對空防禦火砲陣地，會以預先計畫、精心布設的大量高射火力協同攔阻飛機。另外，戰術形勢的瞬息萬變也使行動複雜重重。開始一切正常，突然一轉彎，飛機就可能發現敵運輸車隊，並且由於距離太近，基本沒有反應時間來瞄準發射武器。

一九五三年四月，我帶領4機編隊在第12號紅色道路偵察區執行偵察任務。路線從咸興以北通過重重群山到達長津湖。我們上午6時15分起飛，是首批行動編隊。當天刮著輕微的北風，我們的航母位於「選擇點」正北。集結並在興南「著艦」後，我們很快就到達了偵察路線起始點。我機翼油箱上還有剩燃油，我不得不在減速進入偵察路線前將其倒空，因為「黑豹」的標準作戰程序是暴露於敵火力區時，外掛油箱內不得載有航空燃油，因為如果飛機被高砲擊中，油與空氣一混合就會引發更劇烈的爆炸。「拳師」號航母上的艦載噴氣式飛機採用了易揮發的航空燃油，而不是類似3號燃油的更安全的航空油，因為啟封後，「拳師」號的燃油系統沒有更換，而且螺旋槳飛機只能使用機用汽油。

　　變換偵察隊形後，通過高多里（Kodo-ri），道路綿延進山口的地方時，我位於最低的大約300英尺的偵察員位置。通過第一個小角度轉彎的道路後，一個載重車縱隊映入眼簾。我飛得有些過快、過高，但處於火箭彈攻擊的最佳陣位上。我向前推下操作桿使機頭俯衝，瞄準第一架載重車，同時左手在導彈攻擊模式上選擇火箭彈攻擊，扳上主武器開關。我瞬間完成這些動作，並迅速接近目標。因為俯衝角度和實施高速火箭彈攻擊需要進行目標距離密位補償（因為使用了主要用於空空航砲的瞄準計算裝置），我還得作出最終的調整，使目標景況稍稍超出準星。距離更近了，甚至超過了預計或者應有的攻擊距離，因為我都能看見駕駛室裡一片混亂。面對右邊3000英尺、左邊2000英尺高的懸崖，他們無處可藏。我看清了第一輛載重車的樣子，是一輛美國陸軍用的「史蒂倍克」載重車，我在日本和韓國多次見過。但是這遠在朝鮮啊，我沒有時間考慮它是敵是友了。我發射了兩枚火箭彈，然後迅速上揚，毫無動靜，或者至少動靜很小。我加了很多加速度，也許有9g，從抗荷服上我都能感覺出巨大的壓強。我沒有時間看加速計，得盯著前方的山脊線，不想飛行失誤變成一座「燃燒的紀念碑」的話，我就必須越過它，但是此時飛機的反應出奇地遲鈍。

　　我越過了山脊線，但只是剛剛越過。高空縱隊和2號飛行員也發現了載重車縱隊，按照縱隊行動條令要求，2號領機下降參與了攻擊。我盤旋著爬升準備二次行動時，發現我的僚機飛行員的炸彈沒有命中目標，並且僅僅向左偏了10英尺，但卻掉進懸崖，在3000英尺懸崖底爆炸了。第二縱隊幹得更好，因為他們有更多時間選擇武器，小心接近，發射火箭彈並命中了目標。我小心接近，準備以航砲實施二次攻擊。剛才因為要躲避山脊，攻擊結束得太早了。第三次返回確定卡車及其貨物全部被摧毀後，編隊繼續向北往夏甲瑞裡（Hagaru-ri）飛行，再也沒有遇上其他目標。在我們返回航母著艦時，還以航砲攻擊了位於興南的高砲陣地。

　　在避開山脊那千鈞一髮的時刻，我嚇得發抖。原因很簡單：那時我飛行在

5000英尺高度，機內油箱滿載燃油。而通常實施道路偵察攻擊時，高度也要低得多，而且機內油箱燃油要消耗一半，以減輕飛機3000磅的重量。而在高多里時我卻這樣做了，根本沒有像一名謹慎的飛行員那樣考慮到內油箱和高度的問題。在我餘下的飛行歲月，開過F9F和A-4,再也沒有犯過類似的錯誤。

一九五三年七月的第3周，中國的進攻勢如破竹，很快在聯合國軍部隊東線撕開了口子，擊潰了整個韓國部隊，美國陸軍第3師節節敗退。為了避免韓國軍隊的潰敗造成美軍側翼被包圍，第3師退到韓國第一軍後方支撐點準備重新整編。中國方面，由於急需後勤物資、燃油補給、輕武器彈藥和砲彈，以及兵力的增援，彭德懷將軍放慢了進攻的步伐。

七月十三日，在對鴨綠江南部的北朝鮮惠山機場跑道實施攻擊時，我的F9F戰機被彈片擊中，水平尾翼被擊穿，升降舵鉸鏈被破壞。我無法控制飛機操控面，不敢再嘗試航母著艦，只能轉向位於江陵的第18戰鬥機機場。這是一個單跑道機場，跑道長6000英尺，由鋼網鋪設，作為第77特混編隊航母艦載機戰鬥受損或燃油不足時的備用機場。

七月十三日，中國的先遣突擊部隊已接近江陵，如果不進入警戒狀態，可清楚地感覺到中國重型火砲的砲擊，看見混亂的韓國部隊來回穿梭，陸軍裝備向南沿著主要補給線快速機動，這使我感到回到航母上可能會更有安全感。當天下午我被一架從「香格里拉」號航母飛來的AD「空中襲擊者」帶回航母時，才鬆了口氣。我的飛機降落在返回「香格里拉」號的途中，暫停在了「拳師」號航母上。飛行員碰巧是我海軍軍官學校的同學，並和我一起在位於維吉尼亞州欽科蒂格的海軍航空兵武器試驗所工作過。

4艘「埃塞克斯」級航母仍停在「歐巴點」的陣位上，開展支援聯合國軍地

面部隊的協調和疊接行動，爲交戰的地面部隊提供近距離空中支援，攻擊前線以北的中國軍隊主要補給線，阻斷其燃料、彈藥以及增援兵力的補給。儘管天氣不理想，「拳師」號仍按計畫派遣飛機。當主要打擊目標看不清時，飛行就轉而攻擊不受天氣影響的預備攻擊目標。從我們每次執行任務都會遇上的重型高射砲數量中可看出，中國方面防空分隊每次都全力以赴抗擊我方行動。

七月十九日，第52戰鬥機中隊4機編隊在執行近距離空中支援任務時，其中1架被擊中，飛機機身著火，發動機失速，飛行員艾爾‧布魯納上尉盡力將「黑豹」降落在了700英尺長的「L」跑道上。這是一條位於稻田地裡的深棕色跑道，主要供前進空中控制點的輕型飛機使用。這些控制點的「L-3」和「L-4」聯絡機及「T-6」教練機沿著前線飛行，爲火砲和空中對地支援兵力提供引導定位。布魯納著陸後飛機撞毀，但他卻沒有受傷，第二天返回到艦上。他是七月被敵地面火力擊中的第7位第52戰鬥機中隊的「黑豹」飛行員。

第52戰鬥機中隊的飛行員通常一天飛兩趟。七月二十日早晨，我按計畫帶領F9F-2「黑豹」4機編隊爲在金化附近的美國陸軍部隊實施近距離空中支援，這是「鐵三角」的一個要點。任務頭一天傍晚就下達了，十九日晚上床睡覺前，我還查閱了相關情報並與編隊負責人探討了戰術問題。當然我們不需要計畫太多，只要聯通戰術空中控制中心，然後接到戰術空中引導中心，最後再由前進空中引導點爲我們指示目標就可以了。

飛機的彈艙內裝載了4枚260磅的瞬時引信殺傷彈和2枚高速航空火箭彈。天氣預報風力不大但變化無常，我還讓調度員檢查了高速航空火箭彈。我非常擔心飛機滿載荷時，甲板上足夠大的風就會將飛機掀翻。如果能從武備計畫上剔除火箭彈，我會省掉很多麻煩，因爲當航母試圖獲得數節的甲板風力時，載著這些火箭彈進行彈射還真不是一件好玩的事。不管風力是否足夠進行飛行，沒有飛行員願意將是否攜帶火箭彈交給彈射器或飛行甲板軍官判斷，我們願意自己作決定。因爲以最大載荷實施甲板彈射非常不舒服，所以我建議取消高速航空火箭彈。武器計畫員同意了，4枚殺傷彈外加滿載的20mm航砲彈足夠應付近

距離空中支援任務了。

預飛準備

二十日早晨，一陣不受歡迎的敲門聲將我吵醒：「先生，五點四十五分了。」我回答：「知道了。」我的室友，中隊長吉姆‧金塞拉，嚷嚷著翻過身。他也有飛行任務，出發時間晚一些，可以睡到七點半。我穿上飛行服，拿上頭盔和抗壓防護甲，六點半來到艦上的軍官休息室吃雞蛋和燻肉早餐。飛行待命室就在軍官休息室前，此時飛行員手裡拿著咖啡，三三兩兩地坐在那裡，等待七點鐘的簡報。

氣象員首先報告日本海域和朝鮮半島中部的天氣情況，我們聽到任務區的天氣情況不是很理想。朝鮮夏天的典型氣候特徵是潮濕的空氣，雲層較低，300～1000英尺高處積雲密布，尤其在山嶺地區更是如此。由於天氣原因取消飛行也好，就怕到了目標區發現天氣不適合執行近距離支援任務。因此預測天氣變化，適時轉到預備目標是很明智的事。

中隊的情報官進行第二部分彙報。一位年輕的上尉總結了地面戰術形勢，分析了我們最需要知道的友軍前線位置以及中國部隊的大體部署。中國軍隊突破半島東部的韓國防線，對美國陸軍作戰集團的右翼附近接二連三地構成威脅後，夜戰更加激烈了。當然，中國軍隊白天也不閒著，因此美國和韓國地面部隊呼叫戰術空中控制中心請求近距離空中支援的次數非常頻繁。第77特混編隊4艘位於「歐巴點」的航母在執行近距離空中支援任務時已竭盡所能。我在標有鐵原（Chorwon）和「鐵三角」區域的航線圖上折了一下，避免我們被分派到預備目標區，航線圖上我所折的地方覆蓋了大部分中國軍隊實施進攻的路線。

簡報的最後一部分主要是「鐵三角」地區中國高砲陣地的最新部署、處理緊急事件的程序、當天的救援呼叫信號，以及調度元山港南部海域的戰車登陸艦上的救援直升機的程序。

　　雖然一天兩次的預飛簡報只是例行公事，但是飛行員每次行動前都會格外加以關注，並從情報官那裡獲得最新信息。這個過程雷打不斷，即使在三周後的危險時期也一樣。

　　7時40分，主飛行控制站通過揚聲器播報任務飛行員名單。被叫到名字的飛行員隨即拿上頭盔、手槍、救生衣以及放有航線圖的挎包，從待命室魚貫而出，通過一段短梯，到達飛機棚，並在那裡集合。6名飛行員組成一個編隊（其中有2名是備用飛行員，是為了防止任務飛機在起飛前出現機械故障無法飛行），然後我們都進入甲板邊緣的升降機。通常，機組人員要隨飛機一起搭乘升降機到飛行甲板上，但是現在升降機操作員只讓飛行員一人搭乘。這樣我們的飛機、甲板工作人員、要安裝在飛機上的帶引信盒子的彈藥，一起通過甲板邊緣的飛機升降機升到甲板上。任務飛機要停到島狀上層建築的前方，便於彈射。我們是第一批彈射的。

　　我的飛機停在彈射器右舷，仔細檢查飛機並逐一核查彈藥和武器後，我爬上飛機，接過器材檢查員遞過來的航線圖包和頭盔。然後具有一八年軍齡和6個月航母作戰經驗的飛機器材檢查員幫我扣好安全帶和護具，此時我打開無線電接收器、氧氣閥並連接抗荷服。我倆都有了本能的加速行動反應。一完成座艙檢查就聽到飛行甲板的擴音器通知：「飛行員發動飛機，各就其位發動螺旋槳，起動噴氣式發動機。」此時發動機聲轟鳴，24架準備發射的飛機都已起動。

　　當航母頂風時，我能明顯感覺它的傾斜。這表明「拳師」號正在以最大速度轉向，而且風速並不大。從我座艙下的彈射器出發路線上可輕易看出航母已擺到頂風航線。此時，彈射器操作員也進入視野，豎起他右手的食指和中指，快速地做畫圈的動作，讓我加滿油門。我推下油門，拉下前進制動，等待轉速指示器指針到達100。指針平穩，飛機暫停2秒後，我左手向彈射器操作員敬禮示意，並將帶頭盔的頭靠到後枕上。

　　舊的H4B型彈射器比後來航母使用的新型彈射器沖程更短，所以必須更快

加速。正因為如此，在我敬禮示意後能意識到的第一件事就是我已經離開航母甲板飛上天空。我本能地看看飛行高度，不錯，正常飛行狀態。我伸出左手輕推機輪操縱桿收起起落裝置。飛機此時非常靈敏，向前推操縱桿時都感覺不到壓力。飛機以幾節的低速飛行在100英尺的高度，10秒後飛機速度增加到190節，我打開襟翼收起開關。襟翼收起時，我加滿油門，明顯感覺到飛機在加速。我拉下操縱桿檢查飛行儀表，飛機此刻已竄進雲層。雲底高大約有300英尺。目前在零能見度下只能依靠儀器導航飛行，我加滿油門將速度調到適合爬升的230節左右。不到10秒我就竄出雲層，到達雲層之上（這一段我一直很興奮）。雲層之下，霧氣迷濛，有零星小雨；雲層之上，七月的太陽在蔚藍的天空中絢爛奪目。

但現在不是欣賞美景的時刻，我從發射頻率轉到艦船飛行控制頻率，報告我已處於空中飛行狀態，趕往會合點。當達到5000英尺高空時，我以250節的經濟速度平飛，當看到時間剛好距離起飛3分鐘後，我180度左轉。每架飛機的發射時間間隔是30秒，所以編隊的最後一架飛機起飛時，我轉向其飛行便於會合。

好運始終伴隨，編隊的首波4架飛機都已上天。鑑於地面部隊對空中支援的急迫需求，空中作戰中心決定發射2架預備飛機。無線電測向儀顯示我處於航母的正橫位置時（當然雲層很厚我看不到），6架飛機順利會合。我將油門加到97%，大弧度轉彎到265度的磁方位航線上，朝指定海岸定位點飛行，並向10000英尺高度爬升。航母距離沿岸60英里，雖然下方雲層籠罩，但是朝鮮崎嶇的山脈卻衝破雲層聳立而出，清晰可見。山間積雲繚繞，看來找到我們的預定目標非常棘手。

在飛往海岸定位點的途中，編隊人員都沒有用無線電進行過交流。我們在一起執行飛行任務接近一年，編隊以及縱隊的人員都是固定的，只有我的僚機飛行員換過，皮特‧萊布斯基中尉代替了我原先的僚機飛行員約翰‧錢伯斯。錢伯斯一個月前在對中國軍隊集結地域的攻擊中被擊落受傷。

　　穿過海岸線時，我向航母報告「到達陸地」，將無線電轉向戰術空中控制中心。我按下甚高頻3號鍵，向戰術空中控制中心報告：「6架『黑豹』入站，各攜帶4枚260磅的殺傷彈，預定實施近距離空中支援。」從返程飛機嘈雜的無線電報告聲中，可明顯感覺出空中支援的迫切需求，以及前線的天氣不適合戰術飛機和前進空中引導點的協同。我在戰術空中指揮中心頻段上不到1分鐘，控制員就讓我切換到第四信道與「香普蘭湖」號航母飛機編隊領機聯繫。他們剛離開目標區，離開前發現了一個有價值的目標，但是由於燃油不足，彈藥用盡只能返航。控制員命令我們6架「飛機」不管前進控制點是否已待命完畢，撤銷預定近距離空中支援任務，試著接手「香普蘭湖」號航母上噴氣式飛機報告的目標。

　　「香普蘭湖」號航母飛機編隊領機報告，他發現有一支載重車和戰車混編縱隊正在通往金化的主要補給線上向南行駛，但他們無法實施原定的近距離空中支援任務。此時我正飛臨洪川（Hwachon）水庫，該地標形狀特殊，易於辨認，提供了很好的導航參考。雲零零落落地飄著，因此我們很有希望找到通往金化的補給線。金化是一座相對較大的城鎮，有一條相對寬闊和平坦的山谷一直向東北通往金城（Kumsong）。

　　之後我呼叫戰術空中控制中心，要求改變預先的近距離空中支援目標，向這個機不可失的目標飛行。在線的控制員聽了我和「香普蘭湖」號航母飛機編隊領機的通話，立即回復同意。接受了戰術空中控制中心的指令後，我報告「轉到第四信道」。面對複雜的指揮系統和較少的無線電信道，我們必須謹慎遵從無線電指令。我打手勢將編隊編為縱隊，讓編隊每個飛行員都可同時監聽「香普蘭湖」號航母的飛機編隊和戰術空中控制中心的通話。

　　疏散的縱隊隊形幾乎保持直線，但是每個飛行員可自主地向左或向右偏移領機，易於保持隊形和讓每個飛行員觀察空情和敵情。我們用洪川水庫較好地定了位，從1：50000的地圖的格線上，我估計我們將在3分鐘後到達洪川水庫。透過雲層的間隙，洪川水庫如期而至。我們從10000英尺的高空都能看見城鎮

北面被砲擊後的一片狼藉，但我們不知道哪邊正遭受砲火攻擊。很明顯金化周圍戰事正酣，被發現的載重車隊正由北面攜帶彈藥通過主要補給線支援前線部隊。據我們的經驗判斷遂行如此密集的火力打擊不可能沒有彈藥的補給。通過金化後，我將航線調整到20°，機頭向下，降至雲層頂端7000英尺的位置。當我們飛至悠度（Yodo）發現運輸隊補給線北部的路端時，寬闊的山谷突然變窄，變成實質上的峽谷，大約有4000英尺的高度，山頂雲霧繚繞。

此時抉擇困難。我們是該拉起繼續高空飛行，寄希望於雲開霧散呢，還是降至雲層底部大約4000英尺的空中，寄希望我們不會飛進一條死谷呢？當我們飛過金化後又遭遇高射砲火，更是火上澆油。砲火在5000英尺高空四處爆炸，從各個方向飛來的曳光彈在編隊中穿梭。就在此時，在金化北部，我突然發現了運輸隊。但天氣迫使我們暫時放棄，此處雲底高為3000～5000英尺，大片雲層飄忽不定，積雲底部更是風雨交加。

我調到戰術信道，告訴編隊其他人載重車縱隊在12點方向，我將弧形迂迴接近目標，以便其他飛機有序脫離編隊，避免被前一架飛機炸彈彈片所傷。我們只進行一次轟炸，將4枚殺傷彈一起投向目標。一次投下所有彈藥是形勢所逼，如果我們分4次每次投下1枚炸彈，在變化無窮的天氣面前我們可能丟失目標或損失飛機。因為雲底較低且道路兩旁的山峰較陡峭，編隊中的每架飛機都只能沿著相同的航線大角度下滑轟炸，但不幸的是，那樣更容易遭受中國高砲的打擊。

為了擴大編隊縱隊疏散距離，我進行了左右大角度「Ｓ」形機動，並一直降高。對編隊其他飛機來說，這種飛行過於瘋狂，但對於我肯定是種刺激的體驗。我將速度提到400節，加到3個加速度，保持飛機在山谷中高速小範圍機動。

在距離首輛載重車大約還有1英里時，我將飛機降至3000英尺，翻轉機身瞄準第一架車輛，伸出左手按下主武器開關，選擇同向運動中的航砲，扣動扳機，開啟了F9F機頭的四管20mm航砲，發射後我將目光移開準星，看見發射的

曳光彈打近了50英尺，跳彈越過了車隊。我微微向後調整了操縱桿，進行二次射擊，並非常滿意地看見20mm砲彈正中前3輛載重車。接著以350節的速度，處於最低攻擊高度近距離快速實施了投彈。在本能驅使下，我發揮了在加里福尼亞州中城（El Centro）學到的攻擊距離知識，攻擊技能在朝鮮的山脈中得到提高。我拉起機頭，獲得足夠的密位使瞄準景況更清晰，將拇指按到控制桿的投彈鍵上，向後拉操縱桿到4個加速度，直到抗荷服使得腿部和胃部都感到了強大的壓強。

接著我全神貫注地駕駛飛機急轉彎避開低空的浮云。我可不想穿越雲層，因爲說不好山脈就藏在裡面。我朝著前方的一塊藍天飛行，大約到達6000英尺高度，通過了雲區。我放慢轉彎節奏，油門加到85%，等待僚機飛行員趕上來。

我向左扭頭，想看看對車隊進行攻擊的戰損情況，然而一片雲朵擋住了目標區。不過，讓人高興的是「黑豹」戰機接二連三地穿過雲層趕了上來，它們深藍的側影在潔白雲頂的映襯下格外醒目。我保持85%的油門逐漸爬升，不久皮特‧萊布斯基加入了編隊。當我左轉彎時，他飛在我上方稍前的位置，以便我能看清他的武備情況。攻擊後武器核查的程序第一是檢查是否投下了所有的彈藥，第二是如果還有掛載的彈藥，覈實引信保險絲是否還在。無引信保險絲的導彈掛在掛架上是非常危險的；保險絲上的槳葉鬆開的話炸彈也不安全，那樣的話，只要有任何震動保險絲都會敏感地引爆炸彈，包括著艦時飛機減速的情況。接著，他飛到我下方的後面，履行同樣的檢查程序。當皮特給我拇指向下，然後豎起兩個手指的手勢時，我嚇了一跳，那意味著我還掛載有2枚炸彈。編隊另外2架飛機會合後，我們轉向南航線，飛往友方領土。但是離開目標區之前，我必須檢查所有的彈藥情況。

到達8000英尺高度後，我們徑直向南飛行。我低下頭檢查武器控制開關，發現設置良好，所以投彈失敗不是飛行員的責任。不幸的是，當我將目光掃向儀表盤的時候，發現失火警報燈正亮著。F9F-2裝有警報燈，當機艙失火時，它

會自動變紅。

　　此刻我感到必須在下次隊形變換時，解決彈藥問題。我不想在如此毫無安全保證的情況下打手勢。因此我呼叫萊布斯基作戰術迂迴，並報告武備情況。他說掛載有2枚260磅的殺傷彈，每個機翼掛架上各有1枚，並告訴我引信保險絲還在。其他兩個縱隊的領機聽到通話，報告他們縱隊飛機的掛架上都沒有武器了。

　　現在我必須做出痛苦的決定。該目標很重要，沒有投下所有炸彈實施攻擊是很失敗的，我必須回去再次攻擊。同時我還得知道飛機後半段的火勢是否嚴重。另外我不希望其他5架飛機再次穿過低雲密布的山谷，暴露於蜂窩狀的高射砲火之下。我告訴萊布斯基失火警報的事，讓他飛到後方查看飛機尾部戰鬥損傷情況，並看看有沒有煙或火花冒出來。他飛到後方徹底查看了我的飛機，並回復我沒有高射砲火損傷或火苗溢出的跡象。

　　沒有時間再作掙扎或與其他人討論了，我呼叫編隊所有人，告訴他們我的飛機出現失火警報，萊布斯基查不出問題；我還掛載有2枚殺傷彈，並須返回再次轟炸車隊。我告訴編隊中另一名資歷較高的飛行員保羅·海雅克，讓他集結其他4架飛機在高砲陣地外，隨時準備接應進去實施再次轟炸的萊布斯基和我。我告訴萊布斯基我準備以30°下滑接近目標實施轟炸，讓其實施攻擊時位於我後方半英里，保持平飛，盡量隱蔽，用20mm航砲縱向射擊整個車隊。萊布斯基在麥克風中滴滴響了兩聲表示明白。

　　我再次向北飛行，利用目標周圍冒出雲層的明顯山脈，不難再次定位車隊位置。找到雲底突破口後，我拉到4個加速度，以350節的速度螺旋下降，急轉彎避開雲層。我立刻再次捕捉到目標，車隊附近的雲底高大約是3000英尺，車隊癱瘓後，天氣也沒有怎麼變化。我飛得太快了，穿過雲層時就超過了路面，照這種速度是沒辦法和目標路面取齊的，而此時依靠僅僅一英里之外的滾滾黑煙、爆炸的彈藥及燃燒的汽油，我不難發現目標。因此我幹了件本不想幹的事：拉下節流桿，打開減速板，讓飛機減速，便於我在這個兩山夾道，雲霧繚

繞的狹小山谷中控制飛行。我推測投放260磅的殺傷彈我至少得在2500英尺的高空，才能避免飛機被炸彈彈片損傷，而目前這個高度是不足以進行投放設置的，所以這次終結行動只能將就了。

我收起減速板，加足馬力，在3000英尺的高度放下機頭，直接下滑向公路上的重要載重車輛。此時大部分車輛濃煙滾滾，熊熊火勢正使其不斷爆炸。接近車隊時我猛然下機頭，修正了很多密位，瞄準了車隊中心。此刻高砲火力和曳光彈穿梭如織，與爆炸的彈藥混作一團。我用手動桿投下了兩枚炸彈。這需要我俯下身體，抓住「T」形把手，用力猛拉。我抬起頭，急速左轉爬升（以4個加速度這樣機動非常困難），並向左轉頭看了看炸彈的打擊效果。此刻我分不出是否直接命中，但是用260磅的殺傷彈即使投放到載滿燃油和炸彈的車隊周圍，效果也不可小視。

我放眼望去，皮特‧萊布斯基正飛在車隊上空以航砲實施猛烈攻擊，曳光彈呼嘯著射向車隊。他接著向左轉猛拉爬升，我以400節的速度迅速俯衝到500英尺高度沿公路南飛，接著拉起徑直爬升，直到躍升到雲層之上7000英尺的高度。我環顧四周，查看編隊其他飛機，居然沒有人在指定位置待命，這讓我大為惱火。然而當我左轉到達6點鐘方向時，後面出現了一連串飛機，正是編隊的5架飛機。他們不顧我的命令，隨我一起進入目標區，用剩餘的20mm航砲彈藥攻擊了車隊其他目標，想讓每個實施攻擊的飛行員都有隊友的掩護。

向南飛行時，我以90%的動力一直爬升到10000英尺，並進行緩慢的「S」形機動，這樣便於編隊會合。快速覈實飛機狀況後，縱隊領機通過戰術頻率報告，所有外掛武器都已消耗，無飛機遭受任何損傷，這聽起來簡直就是個奇蹟。

我們朝著最近的前線點飛行，以便快速到達友方領土。我們的經歷足夠讓我們激動上一整天了。同時我向戰術空中控制中心大致報告了我們的戰果：15～20輛載有機槍和37mm砲彈的車輛被擊毀。並建議中心再調動附近的噴氣式飛機對該目標實施攻擊，擊毀前來加強的殘餘力量。到達海岸線時，我脫離戰

術空中控制中心網絡，聯繫第77特混編隊控制中心，報告「拳師」號航母2201編隊6架「黑豹」成功完成任務，無任何戰損，前往著艦。

鐵三角

　　第二天，也就是七月二十一日，我前往金化附近執行近距離空中支援任務。美國陸軍第三師正在那裡被中國軍隊逼得進退兩難。編隊各攜帶4枚260磅的瞬時引信殺傷彈、2枚高速航空火箭彈，滿載20mm航砲彈藥。我們很幸運地首波出擊，這樣就可以準備好就出發，不必等其他飛機執行任務回來。我們也可得到前線附近「L-4」機場上空3000英尺高度盤旋的空中前進引導點，以及距離中國軍隊陣地不到50碼的前進引導員的引導。目標上空雲高5000英尺，因此我們能夠實施30度的準確下滑轟炸。由於燃油足夠，我們逐一選擇武器實施了多次轟炸。雖然殺傷彈無法精確瞄準碉堡或機槍陣地，但是散布的彈片可大範圍殺傷部隊，甚至是躲在散兵坑中的人。實施火箭彈攻擊時，由於我們熟悉中國陣地的位置，便於發現機槍和迫擊砲陣地。高速航空火箭彈需要在較低高度發射，每次發射一枚，射程較短，但是精準度卻較高。實施6輪攻擊後，飛機還有10分鐘左右的空中待命時間，因此我建議再用20mm航砲實施兩輪攻擊，重點攻擊塹壕和散兵坑。引導員聽了非常高興。「黑豹」上的20mm航砲威力巨大，位於機頭的四管機砲精準度較高。飛行員把準星對準目標使用火力後，再觀察射擊彈道，基本不會偏離射擊線。飛行員一般不願意用光所有航砲彈藥，一是以防遭遇米格戰機，要留作自衛；二是燃油量時常不足以應對實施猛烈攻擊的需要。

　　兩輪航砲攻擊後，我們脫離前進空中引導點網絡。引導員大大讚揚了我們對中國軍隊的重創。我們飛行員都知道地面引導員一般都會將戰損描述得誇張一些，大力讚譽飛行員，給我們鼓氣，讓我們有成就感，這樣下次執行近距離空中支援任務時我們才會士氣高昂。然而，我們還是對重創中國軍隊的報告

非常滿意。接著我們飛往東部海岸線，進行空中會合，並逐漸爬升到10000英尺。經過水際灘頭時，我脫離戰術空中控制中心通信網，轉到第三信道，呼叫第77特混編隊報告我們將在張聖（Chang Sung）著艦，順利完成任務返回航母。

此時我聽到戰術空中控制中心在警戒信道通報有1架海軍的「黑豹」在我們剛剛離開的地區被擊落了。我們有4艘航母，每艘航母上有2個F9F中隊，並且航母的部分任務區重疊，因此失事飛機可能來自8個中隊中的任意一個。同時我也意識到那正是我們中隊的預定任務區。返回航母時，突然狂風大作，甲板一片潮濕。我們發著「查理歸來」的信號立即著艦，飛行員沒有再次盤旋，都是以最小間隔著艦的。我將飛機滑行到島型上層建築前面的停機處，等待重新裝備武器和補充燃油後進行45分鐘後的再次行動。由於編隊毫髮無損地安全返回，此時我心中充滿喜悅。我們順利發現預定目標，對敵人造成可圈可點的成功打擊，並且儘管天氣糟糕都順利著艦。然而噩耗突至。在我解開安全帶，拔掉氧氣面罩和抗荷服鏈接帶後，將頭盔遞給站在座艙旁梯子上的飛機器材檢查員時，他跟我說：「中隊隊長被擊落的消息太糟了。」我最擔心的事情還是發生了。被擊落的海軍飛行員正是吉姆‧金塞拉。

我穿過梯子、飛機棚、起落跑道出入口等如織運轉的繁忙交通道，只想盡快回到中隊待命室。當我穿過水密門到達待命室時，辦公桌位於艙室最遠端的中隊值更官跟我說，「喔，三條（中隊人員因為我名字後邊的「III」給我起的外號），看來你要當第52戰鬥機中隊隊長了。」他無聊的話語證實了金塞拉的F9F被擊落的消息。他的態度可以理解，因為中隊所有的年輕軍官甚至於所有中隊的年輕軍官，通常對飛行員的犧牲都表現冷淡，在危險重重的長期部署下，他們形成了這種無奈的保持士氣的方式。

我坐在他桌子旁得知他是通過沿岸的戰術空中控制中心通信和金塞拉編隊飛行員交談的隻言片語中獲悉這個消息的。金塞拉的飛機在金化附近被擊中，著了火向南飛到數英里外的無人島墜落。他的縱隊長比爾‧布魯克剛飛到失事

地，報告無人生還。我站在值更官旁，希望能通過他的電話和通話器獲得更多信息。

10分鐘後，艦上通報失事「黑豹」飛機飛行員僥倖生還，被武裝偵察分隊從無人島運送到第二步兵師。真是個絕好的消息。

金塞拉的編隊返回「拳師」號時，比爾・布魯克告訴了我們所發生的一切。「正常編隊後，我們起飛會合併高速飛向海灘，不久戰術空中控制中心就將編隊交給金化附近的前進空中引導點負責，我們在目標上空迅速區分了任務，金塞拉發現目標後作了一個戰術伴動，以便前進引導員和我們都能發現目標。前進引導員要求首輪實施火箭彈攻擊，我們成單縱隊魚貫進入，金塞拉位於第一個，我看見他平飛得很低，接著就是巨大的爆炸，不知是被重型防空火力還是正好位於飛機下的炸彈碎片所傷。當他拉起離開目標時，我就看見他遇上麻煩了，火光從他的機艙和排氣管呼嘯而出。他立即向南轉頭，通過甚高頻呼叫他遇上了麻煩。他知道自己飛機著火了，但不想迫降在敵方領土上，想堅持到友方領土再緊急迫降。飛行高度也不低，他也沒有再爬升，只是以所能掌控的最大速度飛行。這種處置方式與我們事先協同的一樣。他不想成為敵人的階下囚，如果飛機損壞不能再飛行，他就以飛機的慣性低空滑行，作緊急迫降。」

很明顯我們都必須飛到友方前線，因為敵方頻繁的地面部隊活動可隨時監視其占領的空域，發現被擊落的飛行員。布魯克接著說：「吉姆知道怎麼處理。當他發現了合適的迫降場，他就立即迫降，飛機瞬間在巨大衝擊力下支離破碎，機身沿座艙前後斷成兩截，發動機和機身後半部分燃著熊熊烈火飛崩而出，之後機頭和座艙段像球一樣向前翻滾，我相信大火加上機身份離這麼嚴重的墜毀肯定無人生還了。但當我們最後一次低空巡視時，我發現座艙段中金塞拉解開彈射座椅上的皮帶，從殘骸中走了出來。當我們再次確認他是否安全逃離時，他在距離殘骸以南50碼的地方向我們揮手示意。我們看見裝甲車輛組成的步兵巡邏分隊過來接他，知道我們也幫不上什麼忙就直接返回了。除了我的

僚機飛行員的飛機，可能遭受了一些高砲火力損傷，飛往第18戰鬥機機場，我們的燃油還夠著艦巡航，所以我就帶領其他3架飛機回來了，沒有前往第18戰鬥機機場。」

鑑於我對中隊資深飛行員的瞭解，我得進艙完成一些文書工作，同時我告訴布魯克由他擔任編隊長的職務，在日後的具體行動中我們會補充飛行員到編隊中。是時候做點其他事情了。保羅・海耶克的編隊到達待命室準備下一次飛行，鮑勃・海斯也為他同時出發執行戰鬥空中巡邏的縱隊在作準備。而我此刻想立刻寫封信給吉姆的妻子多蒂・金塞拉，但這之前我得多知道一些事情。

那天下午我又執行了一次近距離空中支援任務，也是在前線中部。在前進空中引導點的引導下，我們再次重創了敵人，大約下午四點才返回「拳師」號。中隊值更官從第七艦隊駐戰術空中控制中心代表那裡獲悉了一則消息，金塞拉少校駕機在第二步兵師防區前線以北墜毀，被巡邏分隊發現，送到一個移動的陸軍外科醫院進行醫療救護和傷勢評估。他的面部和手臂嚴重燒傷，已被送往首爾醫院救治，之後會連夜轉往日本住院治療，最後送回美國，沒有骨折和其他外傷。

他駕駛飛機經歷這種致命的墜毀後，還能有這樣的結果實屬不易。著火的F9F飛機著陸後就折成兩半了。吉姆・金塞拉是中隊第八個被敵火力擊落的飛行員，飛行員中雖然有一些受了嚴重外傷，卻都倖存下來了。

新任艦長

我還來不及整理關於金塞拉的報告，當我剛一著艦彙報情況時，中隊值更官就告訴我新任艦長葛尼上校讓我去駕駛臺見他。我解下頭盔和飛行套裝，爬上四層樓梯到航行控制臺。葛尼艦長正坐在指揮員的位置，俯瞰甲板上最後一批著艦的「空中襲擊者」。他讓我過去，問我是否聽說了金塞拉的消息，我告訴他聽說了，大家都認為他很幸運。馬什・葛尼上校是個很好的海軍軍官，

一名優秀的航母艦長，也是個心思縝密、平易近人的人。他說他準備給人事局發消息推薦我負責第52戰鬥機中隊。我感謝他能考慮到推薦我。他說他也會向中隊宣布這個消息，並立刻讓我承擔責任以及行使中隊長的權利。他考慮得真的很周到。他忙著指揮飛機著艦，而我還有事情處理，所以我就借口離開了控制臺，臨走時他叫住我說：「吉姆，我相信你會幹得很出色的，你們中隊很優秀，你一定會接好吉姆・金塞拉的班。」再次證明他的心思縝密，因為最後的這句話使我感受到了莫大的鼓勵。我回到我和金塞拉所住的艙室，取出一張海軍印發的信紙，迅速給他的妻子多蒂・金塞拉，同時也是我的妻子戴布妮的摯友，寫了封信，告訴她我們所知道的發生的一切，並祝願吉姆痊癒後能安全到家。我想明天一早第一件事就是把這封信送上郵件飛機，讓她能直接聽到艦上吉姆摯友的心聲。接著我忙著打包吉姆的衣服和物品。此時的心情遠沒有上次給湯姆・普——「空中襲擊者」中隊的副中隊長，我海軍學院的同學，我在彭薩科拉海軍航空站時住在隔壁房間的兄弟，戰鬥中犧牲的英雄，整理遺物時那麼沉重，因為當時可以想像她的妻兒看見這些遺物時會是多麼難過。

第二天第52戰鬥機中隊一切照舊，除了飛行員們都大聲喊我中隊長外，似乎什麼事都沒有發生。飛行員們一般都大笑著並試圖找出我指揮的差異。海軍航空兵充滿了黑色幽默，摯友和領導犧牲後，我們又義不容辭地頂上。我在這個中隊工作三年，當了12個月的副中隊長。他們都很瞭解我，對我擔任中隊長也毫無異議。我一到艦上就輔佐吉姆・金塞拉管理中隊。吉姆本來就是一個空戰戰術家，很少有時間處理飛行員和士兵的事務。當他謀劃新的更有效的殲敵戰術時，他就將管理工作交給副中隊長。

數年後，當我和吉姆・金塞拉在聖地牙哥再次碰面時，一起回憶朝鮮戰爭的歲月，他給我講了這樣一個故事。當他出事後，看見步兵巡邏隊從前線前往無人島時，他一認出是友方部隊就欣喜地衝向他們。當他心存感激上氣不接下氣地回到隊伍中時，巡邏隊的長官，一名軍士對他說，「先生，第217工兵隊隊長對你瘋狂的行為很惱火。」我急忙問吉姆為何，他說那名軍士說，「工兵隊

長告訴我們，你剛才跑過來的那片雷區無法通行。」

第二天一切行動照舊，但是爲了盡最大努力攻擊目標，所有空閒人員都上陣了。當天夜間我們收到第七艦隊指揮官的轉述報文，報道第77航母特混編隊當天創下了朝鮮戰爭戰鬥突擊次數最高紀錄。這也是應地面指揮官的要求的結果，當時中國軍隊正以全部重型火砲轟炸外加人海戰術發動攻勢，衝破聯合國軍東線豬排高地、小馬車高地、狙擊手嶺一線戰略要地。

休戰

戰爭突然停止，宣布休戰。七月二十七日下午我們執行了最後一次任務。這印證了我的料想。那天下午我們對興南西北部的一個目標實施攻擊，雖然興南被毀壞了，但行動中我們卻沒有遭受多少高射火力的的抗擊。我就料想到地面部隊知道馬上要休戰，就不想浪費彈藥了。他們也許並不在乎我們是否處於有效射程，就讓重型火砲和自動武器火力放行了。

沒有飛行任務的第二天，似乎很奇怪。航母向東退後了30英里與補給大隊會合，補給航母機動所需重油，飛機所需航空汽油，以及維持人和機械運轉的食物和常規補給品。那天下午我們被告知可進行甲板操演，因此我們裹了塊毯子悠閒地坐在那邊，沐浴著陽光，想著我們是否該回家了。

第77特混編隊的兩艘航母立即離開「歐巴點」前往佐世保，其中一艘「普李斯頓」號將直接回國，第2艘將進行短時期的修理和調整，然後回到前線替換「香普蘭湖」號，讓其返回佐世保準備回國。沒有說「拳師」號的動向，因此艦上的人都很失望，但我們也能夠理解。「拳師」號是四月才進入西太平洋的，來得本來就晚，這樣我們直到秋天才能回國。

《孤獨裡橋之役》

詹姆士・米切納的小說《孤獨裡橋之役》是基於真實事件改編的，講述

了航母作戰群攻擊北朝鮮關鍵橋樑的故事。它取材於一九五一～一九五二年部署於朝鮮「埃塞克斯」級航母上的第五航空大隊的作戰經歷。那年冬天米切納花了數周時間呆在「埃塞克斯」級航母上。該故事首先發表於《生活》雜誌，後以書的形式出版，並立即成爲暢銷書。然後由派拉蒙公司拍成電影，影片雲集了威廉‧霍爾登、格蕾絲‧凱利、米基‧魯尼、弗雷德里克‧馬奇等明星。一九五五年在華盛頓首映式上，該片得到了前海軍作戰部部長波克將軍的讚賞，認爲它細膩、精確地描述了朝鮮戰爭，是他看過的最好的電影。波克一九五一～一九五二年曾是駐日海軍副司令，主要負責海軍在朝鮮的作戰，總司令特納‧喬伊中將死於癌症。

我在電影《孤獨裡橋之役》中有一段難忘的飛行經歷。一九五四年早期，我就職的飛格魯曼F9F-2「黑豹」的第52戰鬥機中隊從朝鮮戰場回到聖地牙哥外的米拉馬爾海軍航空站。海軍作戰部部長委任太平洋海軍航空兵司令指導海軍參與電影的拍攝。第52戰鬥機中隊指定參與了空中行動的部分拍攝，幾乎全時聽候製片人安排。海軍作戰部部長規定海軍部盡最大努力和派拉蒙公司合作。

那時最有名的飛行攝影師保羅‧曼茨就職於派拉蒙公司，負責空中拍攝。他裝備了一架二戰中將軍駕駛過的B-25輕型轟炸機，用於拍攝吉米‧圖利特一九四二年空襲東京的場景。機尾砲臺的機槍和樹脂玻璃被拿掉了，換上了巨大的攝像機架。這次空中行動，包括我們「黑豹」會合、俯衝轟炸、猛烈砲轟，甚至墜毀時，保羅‧曼茨都親自操縱攝像機架。他站在齊腰高的飛機氣流前，身穿皮夾克，頭戴布頭盔以及二戰時飛行員的護目鏡，費力地操控巨大的攝像機時彷彿在控制一挺機槍。

拍攝過程中B-25的最大速度是175節，接近「黑豹」襟翼打開狀態下著艦的最低空速，作爲拍攝戰鬥模擬。大多數拍攝情況，「黑豹」都以襟翼打開的稍高於失速狀態的空速飛行。襟翼收攏著艦時，速度也不到120節。儘管如此，所有參與拍攝的飛行員都是經驗豐富的老戰鬥員，能控制「黑豹」在任何狀態下飛行，模擬戰鬥機動，當然純粹是娛樂。作爲中隊中的老隊員，我替演布魯貝

克爾上尉，片中由威廉・霍爾登扮演。我在朝鮮戰爭中的經歷和《孤獨裡橋之役》有諸多相似點，這讓我內心的情愫通過這種方式得以表達。

　　這段時期的最高禮遇是派拉蒙公司邀請我們8名在片中出演的飛行員攜妻子到好萊塢共度週末。一輛專列來到米拉馬爾海軍航空站第52戰鬥機中隊基地附近的加里福尼亞州德爾馬將我們接送到好萊塢。製片方為我們在電影拍攝地安排了一整天的遊覽行程，遇見了明星也看了電影，當晚還在一個雅致的夜總會安排了有主要演員參加的晚宴。回憶起來，製片方對軍人真的非常慷慨，即便有的地方做得不到位，但也讓我們感到了最大的誠意和周到的照顧。

第7章
戰術核武器

　　一九五八年一月十四日4時15分，我坐在「埃塞克斯」號航母飛行員待命室裡。此時我是第83攻擊機中隊的中隊長，坐在前排把通話器中的消息聽得一清二楚：「飛行員備機，五點準時起飛。」中隊值更官，一名睡眼惺忪的上尉回答：「明白！」然後對我說，「中隊長，你是這次突擊任務唯一的飛行員，我想那就是指你了。」

　　我調整了一下海軍型0.38英寸警用手槍皮套帶，抓起頭盔和航線圖包，逕直走向甲板。當我通過控制艙走上飛行甲板時，看見我的A4D-2「天鷹」戰機孤零零地停在左舷的彈射器那邊，而其他飛機都停在飛行甲板的末端，這看起來很奇怪。天氣很好：氣溫爲16攝氏度，雲量爲5，半輪月亮，風力大約10節，航母還沒有轉向頂風。

　　一小群甲板工作人員圍在編號爲301的「天鷹」戰機周圍：穿棕色衣服的是飛機主管，穿綠色衣服的是維修技師，穿紅色衣服的是掛彈員，而穿黃色衣服的人員正起動吉普車帶動飛機發動。站在工作人員旁邊的陸戰隊員身掛「湯姆遜」衝鋒鎗，一臉疲憊。當我走向飛機進行預飛前檢查時，穿紅色衣服的人員拿著夾子走過來，說：「先生，請在武器保管單上簽字。」單子上寫著：「Mark 28 Mod 0」型熱核重力炸彈1枚。我默默簽完字，走向飛機中線吊架的武器懸掛位置。主彈藥員拔出臍帶式管線接頭，使座艙內的便攜式控制臺能夠操控炸彈。控制臺看起來很熟悉，就跟手冊和講稿上說的一樣。我伸出手調整

了一下吊架帶使其能扣牢導彈架，不禁反思起它具有迷惑性的美麗外表，但20英尺的流線型構造內裝的東西卻等同於35萬噸TNT的爆炸威力來。我爬進座艙時，風把我薄薄的航線圖包吹得向機翼一樣扇動，飛機主管把它放進座艙。我說：「謝謝，我需要它。」

當座艙內時鐘秒針指向五點整時，我打開外滑行燈，示意彈射器軍官準備發射。3秒後，A4D飛上藍天。我推下起落架操縱桿，打開飛機襟翼。脫離出發航線後，將油門加到100%，關掉滑行燈，開始向35000英尺的高空爬升。因為無線電靜默，我都來不及跟航母說再見。

在此高度，我身處座艙突然覺得很孤獨。沒有隊友，沒有僚機飛行員，距離最近的航母也有7英里遠。A4D飛機沒有自動駕駛儀，加上機翼架掛載的2個250加侖①的油箱，以及中線掛載的武器，飛行員需要集中精力才能保證飛機不會顛簸。5時42分我將油門加到85%，按照預設飛行軌跡開始降高。在10000英尺高空飛行有可能會被海岸搜索雷達捕捉到。10分鐘後將進行另一次降高。我計畫在6時17分日出後，再降至200英尺的進入高度，接著我目視察看了海岸線，確定我處於陸路起點的正確位置。太陽在我後面升起，天空出現一道薄霧，我輕易就能認出陸路進入點——兩條河流匯入平直海岸線的地方。離開海岸後導航更加困難：我要以360節的速度在200英尺的低空飛行400英里，因此我選擇了一系列明顯的地物作為導航點，並都順利識別出了它們。我計畫到達目標的時間是7時48分。七點時，我加滿油門，速度提到500節。兩個機翼副油箱裡的250加侖的油用盡時，我拋掉了它們，「天鷹」頓時輕便了不少。7時47分，我到達預定陣位，但還差3分鐘才能到達目標，我慢了2分鐘。逆風速比我預想的要強，沒有辦法克服。我集中精力想命中目標。我將飛機降高至50英尺，加滿油門完全達到500節的速度，在武器控制臺上設置好中心掛架上的Mark 28炸彈的武器開關，選擇了自動發射。然後集中精力進行最後的飛行機動。

①1美加侖=3.785升。

目標出現了，一幢白色的金字塔狀建築物，跟情報圖上的一樣。我穿過目標，平穩地向後拉操縱桿達到4個加速度，重力將我擠到彈射座椅上，抗荷服的壓強擠壓著我的腿和腹部，使血液流到大腦防止窒息。我盡量保持機翼水平。當我拉起作「半古巴8字」機動時，完全是借助低空轟炸系統在飛行。當機頭垂直時，我感覺到Mark 28炸彈鬆開時的輕微震動。炸彈會一直保持垂直彈道上升到13000英尺高度，當重力超過飛機授予的向上速度時，它就會垂直下降。當A4D向後垂直旋轉180度反向垂直時，我透過座艙蓋向外望去，機背與地平線正好垂直。此時我水平翻轉飛機，使機背朝上，並加滿油門30度俯衝。這是個「半古巴8字脫險」機動，將投放飛機與Mark 28炸彈之間分開最大距離。預設炸彈空爆高度為500英尺，這個高度最大化地考慮了熱核彈頭35萬噸TNT的爆炸效果，這個效果是二戰中在廣島投下的原子彈威力的20倍。

當駕駛A4D慌忙離開炸彈彈道時，我從座艙樹脂玻璃艙蓋兩邊的後視鏡中觀看了爆炸效果。效果是：沒有熱核爆炸的強烈耀眼的閃光，只有TNT觸發的股股濃煙，如果安裝了核彈頭那就是用「鈽」反應觸發的。這是一次軍需儲備武器的作戰測試，武器是隨意挑選的庫存核武器。這種測試會週期性地開展，以確保庫存彈藥有效，並盡可能地模擬戰爭中各種條件下的武器投放。在這種情況下，航母都會離開佛羅里達港，炸彈投在一個地面零點目標上，該目標位於佛羅里達州彭薩科拉東面海灣內的埃格林（Eglin）空軍基地試驗場內一個專門的投彈場內。投彈場內的經緯儀會記錄投彈飛機和炸彈從發射到爆炸整個過程的所有參數。

演習還沒有結束，為了返回航母我必須在墨西哥灣帕德雷島東段向南20英里的高空10000英尺逆時針盤旋等待與從「埃塞克斯」號航母上飛來的空中加油機會合。我為了節省燃油再次躍升到30000英尺時，突然發現下方10000英尺高空一架雙發動機AJ-1「野人」加油機在逆時針盤旋。飛機尾部拖著一個燃油補給接頭，這是一個拖在50英尺加油管末端的大型漏斗形接頭。因為我們仍保持無線電靜默，所以我加入他的編隊並互相打了手勢。加油機保持250節的速度

平穩直飛，我將受油頭插進軟管漏斗形接頭裡獲得7000磅普通燃油、3.5噸JP-5噴氣發動機燃油。然後分離管道，開始了返回航母的漫長航程。航母進入視野時，著艦引導官打著摩爾斯電碼字母「查理」，意思是甲板備便完畢，可立即著艦。整個特混編隊仍然保持無線電靜默。

不到1小時，埃格林試驗基地就彙集了信息，將演習結果報告給「埃塞克斯」級航母。炸彈在距離地面零點300碼的距離爆炸，雖然沒有直接命中，但是毀傷半徑能夠達到對預定目標的毀傷效果，該目標模擬的是蘇聯位於匈牙利的戰鬥機跑道。

「埃塞克斯」號航母參加的作戰試驗是3天演習中的一部分，模擬一次從柏林事件逐漸升級到全面核戰爭的地中海對抗行動。編隊攜帶用於試驗的軍需儲備武器，模擬從伊特魯裡亞海起飛對巴爾幹半島的機場實施轟炸。該機場的蘇聯戰鬥機能夠對飛往蘇聯實施轟炸的戰略空軍司令部的轟炸機實施中途截擊。美國承諾任何時候都會在地中海維持2艘航母，每艘上都搭載有投放「特殊武器」的中隊，該「特殊武器」就是核彈的委婉說法。這些戰術核武器是用來攻擊戰術目標的，而戰略目標則由戰略空軍司令部負責。

第83戰鬥機中隊

一九五六年九月，我被任命為位於維吉尼亞州維吉尼亞灣外的奧西阿納（Oceana）海軍航空站的第83戰鬥機中隊中隊長。那時中隊裝備的是錢斯‧沃特公司的F7U-3M「彎刀」超聲速艦載機，首批只裝備了導彈，沒有航砲。「彎刀」是個失敗品，但不失為大膽的嘗試。它的出現是飛機性能的巨大進步，但這一步邁得稍微有些過了頭。超聲速、後燃、無水平尾翼技術對於航母中隊的使用和飛行員駕駛來說太過「前衛」，導致航母著艦事故率出奇的高。先前第83戰鬥機中隊部署在地中海第六艦隊實施海上勤務時，航母艦長就對「彎刀」實用性差、第一個月著艦事故多的狀況非常不滿，在剩下的時間裡整個飛行中

隊被配置到位於摩洛哥利奧特港的法國海軍航空兵基地，美國海軍在那裡有部分艦隊空中補給設施。

F7U這型超聲速噴氣式飛機在這次海外行動中唯一值得稱道的地方就是它獨有的導彈武器。F7U-3M裝備有4枚雷達制導的「海麻雀」I型空中攔截導彈。包括我在內的飛行員都認為這會引發未來一場戰術的革新，因為所有的的海軍戰鬥機都會裝備空空導彈作為首要攻擊武器。

一九五七年春天，第83戰鬥機中隊進行了裝備的「大換血」，裝備了A4D-1「天鷹」，轉而實施核武器及常規武器攻擊任務。「天鷹」是一型由道格拉斯公司生產的專門用於攜帶核武器的性能卓越的新型飛機。中隊番號也改編為第83攻擊機中隊。中隊的首要任務是投放達到110萬噸核爆力的戰術核武器及熱核武器。

新的使命下達後，首先就要核查中隊中所有飛行員和大部分士兵的政治背景，然後要求飛行員順利完成核武器培訓學校的培訓。這是為期三周的課程，培訓內容包括作戰運用、投放技巧及核武器常識。課程很實用，飛行員能夠學到投放原子彈或小型氫彈的所有相關知識，但是也僅限於這些內容。他們沒有學到如果在實戰中被敵人抓獲該怎麼辦，會不會有轉而投靠敵人的可能。對於飛行員來說這項任務也不那麼安逸，但是比飛F7U強多了。

首飛第一批「天鷹」絕對是件讓人興奮的事情。我認為那種樂趣應該讓給新飛行員去享受。投放「特殊武器」需要飛機在低於500英尺的空中長距離飛行，這樣飛機才能利用雷達盲區穿過目標區。今天這已經發展成為「特殊武器」投放技術，然而那時有個流行的禁止低空飛行的術語叫水平隱蔽（flat-hatting），明確低空飛行將會受到軍事法庭的懲處。現在低空飛行不僅得到了認可，也成為A-4飛機每天的首要訓練課目。

A-4飛機用核彈實施目標攻擊時的一項重要的機動技術叫「越肩」（over the shoulder）技術，飛行員也稱之為「白癡翻轉」，就是保持50英尺的高度以500節的速度接近目標，到達目標上空後以4個加速度垂直拉起，當飛機完全垂

直時，計算機自動發射導彈，導彈先升高到13000英尺的空中，然後再垂直下落攻擊飛機剛才飛抵的目標。這種投放機動可使投放飛機躲開核武器的爆炸範圍。導彈發射後，飛機到達翻轉的最高點，然後做一個「半古巴8字」機動，將飛機機背朝上，以最大速度朝地面俯衝，然後低空機動離開。這實際上是種低空特技飛行，曾被軍事法庭禁止。但是現在它不僅合法了，而且A-4整天都訓練這種「白癡翻轉」，將其作爲投放「特殊武器」的首要方式。

中隊也可以使用常規武器，投放前射空地火箭、制導導彈等多種武器。有了這雙重的使命，中隊一方面要忙著研習武器投放技術，一方面還要保持卓越的航母著艦技術。A-4是一型靈敏的輕型飛機，空機重量爲13000磅，滿載燃油和武器準備從彈射器上發射以執行任務時重量爲20000磅。

一九五八年的多天，中隊飛往位於古巴關塔那摩灣的「背風點」海軍航空站執行任務，海軍在該航空站布設經緯儀的投彈場內部署了大量的目標。投彈場用三角測量法測算爆炸效果煙量並將數據送到投彈場測繪站。無線電通話器10秒之內就能呼叫飛行員，告訴他彈著點距離目標點的距離和方向。只要飛行員技藝嫻熟，並且測試當天無風的話，直接命中目標點是可能的。

每天的飛行時刻表都安排得很緊。飛行員們上午進行1小時、下午進行2小時的投彈飛行。每次投彈飛行都包括8次將機動速度拉到4個加速度的「白癡翻轉」。每次訓練都用8個6磅的小型炸彈。該小型炸彈的形狀是依據空氣動力學設計的，使其跟實際大小的炸彈的彈道相似。小型炸彈用的是滑膛砲的殼，彈頭裝滿黑火藥，著地就爆炸，爲投彈場的經緯儀操作員指示彈著點。

第六艦隊的部署

一九五八年一月三十一日，「埃塞克斯」號航母搭載第83攻擊機中隊隨第六艦隊部署到地中海，遂行爲期6個月的海上勤務。中隊將原來的A4D-1戰鬥機全部換成了新型的具有空中加油能力的A4D-2戰鬥機。這就使得飛機部署到地

中海絕大部分地方後，作戰半徑能覆蓋到歐洲戰區所有的預設常規目標。

中隊裝備了新出廠的飛機，也是第一個部署到第六艦隊的具有空中加油能力的任務部隊。中隊裝備的是A4D-2飛機，機頭有一個長長的空中加油探針，用來進行空中加油。它能攜帶300加侖的燃油箱，尾部伸出軟管漏斗形接頭，給具有空中加油探針的中隊飛機實施空中加油。

這次海外部署中最棒的地方就是航母的斜角甲板和助降鏡降落系統。我在「拳師」號航母上最後一個F9F-2「黑豹」中隊時，飛的還是直通型甲板。對於噴氣式飛機來說，這種甲板猶如噩夢。我們最終適應它因為我們別無選擇，只能將就。使用直通型甲板時，飛機在航母末端著艦，先前著艦的飛機以及那一整個飛機群就停在甲板的另一端。如果攔阻網出現故障未能升起攔阻飛機，或者飛機著艦鉤沒有鉤住攔阻索，那麼飛機就會插入機群。經常有沒有鉤住攔阻索的飛機，接著越過了攔阻網，插入機群，引發嚴重的事故。而這還只是航母艦載噴氣式飛機事故的一部分。

斜角甲板完全改變了這種狀況。這種創新設計是由英國航母飛行員、皇家海軍康寧安少將發明的，但首先於一九五二年裝備美國海軍「安提耶坦」號航母。自此以後斜角甲板對航母的空中行動產生了巨大影響。它克服了直通型甲板的種種設計弊端。斜角甲板沿航母中軸線逆時針調整了10度，安裝了橫向攔阻索，作為航母的著艦區。著艦的飛機循著助鏡光束下滑路徑著艦，接觸斜角甲板時就可鉤住攔阻索。如果沒有鉤住攔阻索，飛行員可加滿速度，再次沿斜角甲板起飛，環繞一圈再著艦。飛機錯過攔阻索，再次飛行一圈稱為「脫韁」。甲板的中心軸位置為剛著艦飛機的停機區，以保持斜角甲板上沒有任何障礙。垂直甲板的艦艏安裝了彈射器，作為飛機彈射的起飛區。斜角甲板於一九五五年裝備「埃塞克斯」號航母，整整花了一年進行工程改造，但是非常值得。那時所有海軍的航母都爭先恐後地進行航母甲板的改裝。

地中海多天的天氣很糟，風大浪大。二月份，「埃塞克斯」號航母的AD「空中襲擊者」的中隊長在一個暴風雨的夜晚著艦時，扎入海中。等警戒驅逐

艦打撈起他時，已經葬身於湍急的海浪和黑夜中。一九五〇年以來，航母夜間空中行動組織得很落後，引導飛機的艦載雷達性能較差，每個甲板邊緣的照明系統比一排手電筒的光也強不了多少。

在上艦之前，第83攻擊機中隊部署在奧西安納（Oceana）海軍航空站，集中進行「特殊武器」投放訓練，飛行技藝逐漸成熟。一旦和蘇聯發生戰爭，位於英國空軍戰略指揮部基地和位於美國空軍戰略指揮部機場的的轟炸機，就會直接飛往蘇聯的主要目標。也有從美國空軍戰略指揮部起飛的B-52轟炸機在大西洋上空進行空中巡邏。這樣距離攻擊目標更近，以便在戰爭初起時就能抓住有利戰機對蘇聯的空軍基地實施核攻擊。轟炸機的攻擊路線涵蓋了所有華約國家。蘇聯也在戰略轟炸機的滲透路線經過的衛星國部署了很多軍用機場，配置了華約國家的戰鬥機和地空導彈用於攔截轟炸機。第六艦隊每艘航母上有2個中隊投放「特殊武器」，包括一個噴氣式飛機中隊和一個螺旋槳飛機中隊，用來以核武器打擊衛星國的防空基地。每位飛行員都分配好了對衛星國目標的任務以及攜帶的儲存在「福吉谷」號航母彈倉中的核武器。目標的具體信息藏在絕密檔案裡，只有特定的飛行員和情報官才能獲得。

我的目標叫「戰役反擊」，是保加利亞的一個戰鬥機機場跑道。我的飛行狀況是爬升到38000英尺的伊特魯裡亞海北部空域，到達卡巴阡山脈以北降高至500英尺，利用雷達盲區穿過目標探測區，到達指定空域後，作「白癡翻轉」，朝目標區中部投下戰術熱核武器。投完炸彈後，飛往巴利(義大利港市)附近的預定地域，屆時空軍戰略指揮部計算機會為我指定一條逃生路徑，讓我安全通過友方炸彈的爆心投影點。

到達預定會合點後，來自「福吉谷」號航母的海軍AJ-2「野人」空中加油機已在10000公尺高空盤旋等待，為任務飛行員加滿油返回航母。到達會合點時A-4飛機計畫只剩10分鐘飛行的燃油量。

「埃塞克斯」級航母及其艦載機計畫到一九五八年七月完成在第六艦隊的部署，返回諾福克。然而計畫突變，時任海軍作戰部部長的阿利‧波克將軍敏

銳地預見到中東的緊張局勢，希望海軍部隊在戰區充分發揮國家指揮當局認爲適當的前沿存在和軍事能力。因此前來與「埃塞克斯」號航母換班的航母也和「埃塞克斯」號一起留在了西地中海，這樣海軍在西地中海就有3艘航母應對突發危機。阿利・波克將軍同樣部署了搭載有一個陸戰隊步兵營的兩棲戒備大隊到第六艦隊。白宮還在黎巴嫩部署了一個陸上陸戰隊步兵營，這樣就有2個，而不是通常的1個陸戰隊步兵營備戰。

黎巴嫩

一九五八年九月黎巴嫩的混亂局勢達到頂點，如果不立即採取措施穩定局事，勢必會爆發大範圍的中東衝突。總統命令第六艦隊的3艘航母爲在貝魯特登陸的陸戰隊隊員提供空中掩護。登陸行動一帆風順。上陸的部隊和空中部隊迅速穩定了交戰局勢，遏制了該地區主要戰火的蔓延。

陸海空三軍登陸部隊聯合指揮司令官就是我的父親小詹姆士・L.霍洛韋上將，時任東大西洋和地中海總司令、參聯會戰區司令部指揮，兼任中東特別司令部司令，隸屬參聯會指揮。當需要對中東實施軍事行動時，預設的特別司令部就開始發揮職能。東邊友鄰爲大西洋總部司令部，西邊友鄰爲太平洋總部司令部，因爲那時還沒有中央司令部。

陸戰隊登陸，美國占領貝魯特地區後，遭到了蘇聯的強烈反對。陸戰隊登陸22小時後，赫魯曉夫從克林姆林宮發表聲明稱：「蘇聯對美國的冒險行爲進行警告，並有能力將美國第六艦隊的航母變成美國船員的海上棺材。」此時，攜帶常規炸彈和前射空中火箭彈的航母艦載戰鬥機和攻擊機正在黎巴嫩上空實施空中待戰。但是由於受到蘇聯的戰爭挑釁，第六艦隊的核打擊能力進入高度戒備狀態。

第83攻擊機中隊指定2架飛機進行核攻擊戒備。首架A4D-2停在左舷的彈射器上，在中心掛架上裝備了3.5萬噸當量的核武器。飛行員進入座艙，啓動車插

好電就停在旁邊，荷槍實彈的陸戰隊隊員站在炸彈旁實施警戒；第二架A4D-2停在左舷彈射器後，也在中心掛架上掛好了熱核武器，但飛行員不在艙內，允許在飛機旁休息。只要一聲令下，即可出動。還指定了戰備的飛機，應對突發危機。

我剛一到達待命室準備下一次對黎巴嫩的飛行，就聽到通話器中傳來艦上作戰中心的清晰口令：「發射備戰飛機！」我的神經突然像被電擊了一下。一旦攜帶核武器的A4D-2起飛，就不能再返回航母了，畢竟這不是演習起飛。核戒備飛機一旦飛出，我們就只能祝願它一路平安了。

我快速衝上甲板，逕直跑到左舷彈射器處看出了什麼事。當到達飛行甲板艦艏時，發現A4D-2已經起飛了，但是用的是右舷彈射器。我毫不知情的是第83攻擊機中隊還有2架攜帶前射航空火箭彈的「天鷹」停在右舷，隨時等候陸戰隊地面部隊的召喚，實施近距離空中支援任務。剛才起飛的備戰飛機不是攜帶核武器的，而是實施空中支援的，我真的是被嚇出了一身冷汗。

登陸一周後，克林姆林宮激烈的言辭緩和了，核彈又放回航母的彈倉中。第83攻擊機中隊每天在黎巴嫩邊境實施空中巡邏，發現和阻止帶有敵意的阿拉伯人進入這個國家。我們中一些飛行員問如何區分「敵意的阿拉伯人」，空中情報官給出了最佳答案：「就是射擊你的阿拉伯人。」黎巴嫩事件為飛行員編隊作戰積累了經驗，飛行員每兩天進行3次編隊飛行，實戰背景下的對地突擊任務也很有趣。當然，我們也有飛機被攻擊。我們有一架「天鷹」可能是被前裝砲砲彈射中機翼的，這是「天鷹」被敵火力破壞的第一起事件，然而這與後面的戰損相比簡直不值一提。越南戰爭中共有280架「天鷹」被敵火力擊落。而此型飛機從一九五四年到一九七〇年一直是海軍的主力輕型攻擊機。

對黎巴嫩的邊境巡邏和對占領布魯特陸戰隊的空中支援任務持續了30天。九月十五日，「埃塞克斯」號被命令結束在第六艦隊的部署，離開地中海，前往雅典，並返回諾福克。至此，「埃塞克斯」號原本6個月的海外部署，延長到了9個月。

在雅典短暫假期的第一天下午五點，大批身著制服，掛著海岸警衛隊臂章的特遣隊上岸收攏所有「埃塞克斯」號航母人員，通知他們立刻返艦。這次在用餐時間發起的從酒吧到酒店的收攏非常成功，三三兩兩地，艦上艦員和飛行員都回到了艦上。第二天六點，「埃塞克斯」號起錨前往蘇伊士運河。

躍進太平洋

艦長沒有通報航母的未來動向，但是船員們都看見飛行甲板中線附近豎起了一個木頭平臺，60英尺高，並有一條通道直接連通航母右舷的島狀上層建築。一個老計時員說那是通行蘇伊士運河時用的，用來讓當地引水員以航母艦艏的旗桿作為方向參照線，指揮航母的航向。如果真是這樣，這將是美國歷史上航母第一次在該水道通行。採取這種辦法是擔心航母會像「贖罪日戰爭」後很多商船堵塞在運河中那樣。航母進入運河後，艦員們才得知航母要穿過蘇伊士運河，然後通過印度洋到達臺灣海峽。我們的任務是加強太平洋艦隊。

「埃塞克斯」號航母風平浪靜地通過了蘇伊士運河，隨行的還有30艘護航艦艇。該運河南北線交通交替通行。通行海峽時，航母還部署了照相偵察機，利用側面的照相機拍攝了航空圖，雖然無法從航空圖中辨認航母甲板上的飛機以及左右舷的彈射器，但具有情報價值。

通過蘇伊士運河後，航母以27節的最大航速，直接駛往臺灣海峽。由於要盡快到達，途中沒有進行空中飛行，因為如果進行空中飛行，航母需頂風起降飛機，這樣會拖延時間。6天的匆忙航行後，航母到達第七艦隊第77航母特混編隊，遠離中國大陸沿岸，在中華人民共和國聲稱擁有主權的領海內展開行動，但是沒有派飛機超過美國當時認可的3英里領海線，接近其大陸。

第83攻擊機中隊一到達第77特混編隊就加入航空聯隊的戰鬥機群，在接近中國大陸的空域「開展訓練」，並讓中國的遠程警戒雷達能清楚地發現這些行動。航母的艦載機則在3英里的界限外開展行動。很明顯中國戰鬥機對美國海軍

飛機視而不見。

「埃塞克斯」號航母到達後的一周內，幾架中國飛機闖入第77特混編隊飛機防禦領空，立即被擊落。自此後中國再也沒有進一步地近海空中行動。那時，臺灣海峽共聚集7艘「埃塞克斯」級航母，至少保證4艘航母有飛機在近海島嶼附近活動。

隨第77特混編隊部署兩周實施武力威懾行動後，「埃塞克斯」前往菲律賓蘇比克灣進行維修保養以及船員休整。此時，太平洋艦隊中一艘部署了7個月的航母返回本土，這讓「埃塞克斯」號航母上的船員大為不悅，因為他們已經離開本土10個月了。

在同太平洋艦隊與A4D中隊的中隊長的閒聊中，我得知他們的A4D飛機是不進行夜間訓練的，因為此型飛機夜間行動不穩定或者說不適合全天候飛行。而且因為其內在的不穩定性以及座艙內缺少相關的夜間飛行儀器，他們在夜間飛行時出了很多事故，許多經驗豐富的資深中隊飛行員不幸犧牲。有一次A4D的中隊長和分隊長在同一天晚上的航母著艦事故中全部殉難。第七艦隊A4D中隊士氣大落，指揮「天鷹」中隊的一些傑出的飛行員成功說服負責第77特混編隊航母行動的將軍取消夜間飛行，只進行白天飛行。不幸的是，「埃塞克斯」號航母不顧太平洋艦隊限制第一特混艦載機大隊夜間飛行的指示，要求第83攻擊機中隊繼續進行夜間行動。

此段時期內，F2H-2「女妖」夜間飛行中隊的中隊長，我的摯友比爾・艾倫中校在一次夜間著艦「福吉谷」號時不幸身亡，飛機扎進航母尾跡數英里的地方。這對第二艦載機特混大隊和我都造成了很大的打擊。比爾・艾倫一直廣受讚譽，本來應該在海軍有廣闊發展前景的。

十一月中旬，「埃塞克斯」號接到命令離開第七艦隊，繞過非洲南端的好望角，返回維吉尼亞州的諾福克。在蘇比克灣短暫停留，並卸下西太平洋所需的裝備和補給品後，航母以27節的速度開啟了回家的航程。因為編隊內還有需要燃油補給的艦艇，編隊途中還加了三次油：一次在錫蘭、一次在開普敦、最

後一次在里約熱內盧。加油時會在港口待上兩天，船員們也可在這些具有異國情調的地方休個短假。一九五八年十二月十五日，航母返回母港，即佛羅里達州的傑克遜維爾市。第83攻擊機中隊也飛回奧西安納的海軍航空站，從6個月的海外部署開始，整整離開本土11個月。

在這次海外部署中，原來的4名中隊長中有2名在航母夜間著艦的飛行事故中不幸身亡。第83攻擊機中隊被命令臨時受領夜間戰鬥機飛行任務。而「女妖」則部署到岸上繼續實施夜間飛行，儘管飛機數量不足，同時缺少著艦時的基本電子設備。這種情況在冷戰時期的航母海外部署中如家常便飯。航母是前沿存在戰略成功實現的核心，相信我們的對手也會被航母的強大作戰能力所折服，所以急切需要突破人才和裝備的限制瓶頸。雖然冷戰的壓力使許多經驗豐富的指揮員不幸過世，但第83攻擊機中隊非常幸運，我們所有人都回了家。

第8章
五角大樓、水上飛機母艦和颱風

　　一九五九年的華盛頓是自由世界之都，而五角大樓就是冷戰中自由世界軍隊對抗蘇聯及其共產主義政治聯盟的指揮部，國防部的大臣和機構就彙集於此，包括國防部部長、國防部、參聯會主席、聯合參謀部，以及陸、海、空、陸戰隊四個軍種的指揮官們。當時陸戰隊司令在參聯會中羽翼未豐，可參加所有會議但只能對與陸戰隊相關的事件進行表決（二○○五年陸戰隊將軍被選為參聯會主席）。一九五九年的海軍作戰部部長、海軍的作戰指揮首腦是阿利·波克將軍。他三次連任任期為兩年的海軍作戰部部長，也是唯一一位連任兩次以上的軍種首領。他的智慧、精力以及造詣鑄就了他傳奇的軍事領導生涯。

　　華盛頓是所有充滿抱負的海軍軍官的必去之處，因為如果沒有五角大樓或華盛頓海軍辦公署的任職經歷則幾乎不可能成為一名將官。若是中校或上校則為任職佳機。一九五九年，在第83戰鬥機中隊任職兩年後，我很榮幸地被調到了五角大樓。那時我還是中校，攜妻子、3個兒女和我的父親小詹姆士·L.霍洛韋（退休一人在費城靜享晚年生活的的四星上將），舉家遷往華盛頓。我能有此機會並非仰仗我的父親在海軍的地位，或者不成文的潛規則增加了我的資歷，從而平步青雲；正好相反，作為一名退休了的海軍軍官，我的父親對自己的將來都無能為力，更何況我的未來。

　　五月我離開中隊，前往五角大樓航空武器系統分析參謀部向海軍作戰部副

部長（分管航空兵）羅伯特‧B.皮爾瑞報到。我的第一個職務是全天候飛行協調員，負責改進航母艦載機夜間或全天候行動的裝備、戰術以及程序。雖然我在這個位置上只干了4個月，就當上了海軍作戰部副部長（分管航空兵）的執行助理，但我確實為海軍航空兵發展盡了綿薄之力。一九五九年，在一年一度的馬里蘭州帕塔克森特海軍航空兵測試中心全天候飛行會議上，我提出一項會影響到未來航母空中行動的建議。這個概念源於我在艦隊飛A4D進行夜間訓練的經驗。

二戰以來，艦載機歸航著艦時，要在航母上空按照不同機種在不同高度會合盤旋，戰鬥機、俯衝轟炸機、魚雷機，都需等待著艦信號才能著艦。而著艦信號要等到所有預備著艦的飛機在航母上空組成混合編隊，且所有航母準備完畢才發出。在噴氣式飛機時代這種方式既耗油又耗時間。我還記得一九四七年在「奇爾沙治」（Kearsarge）號航母第三轟炸機中隊當編隊長的經歷。作為最後一個著艦的中隊，SB2C繞艦盤旋了半個小時才開始著艦準備。這段本應該用來進行任務訓練的時間，卻浪費在了無聊的空中繞圈上。

我提議建立一個為每架準備著艦的飛機分配具體著艦時間的系統，協同飛行員和艦上空中引導員使飛機准點到達備降區（ramp）。另外，原先白天的著艦程序和夜間或不良天候的著艦程序是完全不同的，新條令要求航母所有的著艦，不管是夜間、白天還是不良天候都遵循同樣的程序。這樣做是為了讓飛行員更熟悉不利飛行條件下的著艦程序，從而不必在著艦條件不利時改變著艦程序，只要每次都按低能見度條件下的程序執行就行，可省下時間進行更重要的任務訓練。噴氣式飛機進入艦隊數年後，那套原先在艦隊使用的標準程序終於被換成更適應噴氣式飛機特點的著艦程序。

負責空戰的海軍作戰部副部長

二十世紀五〇年代末，海軍作戰部副部長(分管航空兵)在海軍作戰部部長

辦公室是很有份量的人物。在五角大樓內，海軍作戰部副部長(分管航空兵)負責所有海軍航空兵的規畫，包括航母、飛機、人員、武器的規畫。掌管海軍航空兵的人事是海軍作戰部副部長(分管航空兵)的特殊職責，原先這是由海軍人事局管的。那時海軍中幾乎一半人都想從事與海軍航空兵相關的工作。在五角大樓的編制表中，海軍作戰部副部長(分管航空兵)的位置是OP-05，可見被提及的頻率有多密集。

一九五八年，羅伯特‧B.皮爾瑞成為了OP-05，並因其掌管海軍內重要領域和人員，被稱為「巨頭」。另外兩個「巨頭」是海軍掌管潛艇和水面艦艇作戰的兩個副部長。當時海軍只有航空兵和潛艇部隊的指揮軍官的常服和禮服綬帶上的作戰徽章不同。航空兵部隊的綬帶上有一個金色的飛行章，潛艇部隊的綬帶上有他們珍愛的海豚，後來我任海軍作戰部部長時，也很榮幸地為水面艦艇指揮軍官們配上了能與之相媲美的徽章。

五角大樓的「巨頭」中，分管航空兵的海軍作戰部副部長可能是最有實力且最獨立的。他是唯一一個能掌管自己人員的作戰副職領導，不用得到海軍人事局局長的授權，而海軍人事局是統一負責海軍人事管理的機構。海軍航空兵人事辦事處就設在海軍人事局辦公室內，由海軍航空兵的一名少將負責，並向皮爾瑞中將和海軍人事局彙報。通過特設的海軍航空兵軍官，皮爾瑞嚴格控制與海軍航空兵相關的所有事情。他督促辦事處羅列出包括航空編隊中的醫生在內的所有海軍航空兵的人員編制，無論是學員還是少將。

在向皮爾瑞中將頻繁彙報與航空武器系統參謀部相關的諸多問題的過程中，我和他的關係也逐漸親密。一九五九年我被調到海軍作戰部副部長(分管航空兵)辦公室任執行助理，編製位置OP-05A，上校軍銜。OP-05A負責海軍作戰部副部長(分管航空兵)的所有事務，包括作為將軍的會議記錄員、接聽電話進行備忘記錄、撰寫報告，以及起草供海軍作戰部副部長(分管航空兵)簽署的行動指示。

海軍航空兵訓練和作戰程序

那時皮爾瑞手下有4個少將直接對他負責，他還能對海軍航空局局長施加影響，進行技術指導。該航空局負責海軍所有飛機的設計、數據採集、生產及維護。作為海軍作戰部部長的副手，海軍作戰部副部長(分管航空兵)還負責起草海軍航空兵飛機設計的軍事需求並獲取財政預算。雖然表面上看起來執行助理主要是個聽令行事的職務，但是皮爾瑞善用權利分擔的管理方式，樂於聽取參謀人員的意見，尤其是剛從艦隊過來的人員的意見。我和皮爾瑞比較親近並且也剛從艦隊調進，因此會後其他人離開辦公室後，他經常會聽取我的個人意見。我總是小心翼翼地提出觀點，不想辜負他對我的信任。我的這些意見對海軍航空兵作戰標準的逐步形成起了很大的推動作用。

一九五九年之前，飛行員手冊做得很像新車主手冊一樣。它敘述了如何操作飛機但沒有說明作為航母艦載武器系統該如何運用，比如手冊教你怎麼放下起落架，但不會告訴你怎麼著艦，包括著艦的適合速度、高度以及技術。

一天皮爾瑞無意中聽到我跟幾位「天鷹」飛行員同伴在辦公室外討論A4D飛機的航母著艦技術。討論的焦點是，是否要開合或關閉減速板控制飛機的進場速度以及正常飛行的正確狀態是什麼。A4D的減速板很大，是長方形扁平狀的液壓控制面板，從機身伸出，依靠座艙內操縱桿控制，可在急速俯衝下降時將機速降至可控範圍。減速板打開時，飛行員需要更高的發動機轉速才能維持128節的進場速度。因為只有要求飛行員復飛——繞一圈再著艦的話，高速旋轉的發動機才會很快達到最大轉速，因為發動機渦輪不像複式發動機，幾乎瞬時就可達到最大動力；它要克服不斷增加的轉速帶來的慣性，提速很慢。而減速板不打開，保持飛機簡捷的外形的話，飛機對空氣動力的反應就更敏銳。皮爾瑞問2名前A-4「天鷹」中隊的中隊長，他們的中隊採取的是哪種技術，一個回答打開減速板，另一個回答不打開減速板，第一位中隊長還補充說這取決於飛

行員個人。

皮爾瑞看起來對這種明顯的差異非常驚訝，讓我單獨去見他。作為一名飛行員，受邀就我所關注的話題發表言論我非常滿意。我向皮爾瑞分析了我所認為的現有飛行員手冊的弊端：內容不含飛行作戰運用說明，也沒有其他文件補充說明這些問題，至少沒有印發到艦隊範圍內遵照執行。我建議專門由一支海軍試驗中隊，如第四技術開發中隊或位於馬里蘭州帕塔克森特海軍航空兵測試中心的軍種測試分隊（Service Test Division）對海軍所有作戰飛機進行評估，建立結構、動力、重量、高度、速度等所有方面的機動標準的最優化參數。這些參數要涵蓋起飛、降落、航母發射程序、武器投放、空中加油等所有方面。然後將這些最優化參數印發部隊和訓練司令部，作為法定的標準讓所有中隊飛行員遵照執行。這將統一訓練標準，極大促進不同中隊飛行作戰的協同能力。

皮爾瑞同意了我的建議，並立即決定在OP-05辦公室設立一個專門行動組推進這項工程。他召集分管的各部門領導、幾位少將和一些資深上校開會討論。這些人都有豐富的海軍航空兵作戰經驗。令人驚訝的是，有些人強烈反對這一建議。航空武器系統分析參謀部的領導，二戰中擊落12架「零」式戰機的王牌飛行員，認為這種標準化會扼殺飛行員的主動性，妨礙中隊指揮員發展新型戰術。我解釋說對於不同型號的飛機，所採用的標準都要求是最優化的、最佳的機動標準，這個標準是由經驗豐富的飛行專家和能手確定的。對於戰術來說，標準化程序確會抑制單機種戰術發展，但由於可推廣最佳的航空機動技能，從而能夠發展多機種的編隊戰術。

皮爾瑞中將的「特別名義評判員」同意了這個概念，還命名為「海軍航空兵訓練作戰標準化程序」（簡稱NATOPS）。皮爾瑞經海軍作戰部部長授權，在OP-05辦公室特設了一個科室負責推進這項工作。但是在由所有「巨頭」出席的海軍作戰部部長執行委員會會議上，海軍負責艦隊作戰和戰備的副部長認為該工程應名落他的編制，新科室應該設在他管轄的部門內（OP-03）。部長阿利·波克同意了OP-03的請示。皮爾瑞看到事情已成定局，就簡單問了下他

的部門能否參與，最終事情就這麼確定下來，沒有異議，也沒有因此結怨。

「海軍航空兵訓練作戰標準化程序」一年後在艦隊初步成型，兩年後成爲條令全面推行。我負責「企業」號航母事務時，發現航母上10個中隊的操作程序都與「海軍航空兵訓練作戰標準化程序」手冊一致。由於航母艦載的空中聯隊包括4個A-4「天鷹」中隊，這本手冊確實非常實用。

掌管航母

一九六一年艦長候選名單上共有4人，我是其中之一。有一人爲艾默·R.朱姆沃爾特中校，我的同班同學，後繼任我的海軍作戰部部長。我離開五角大樓時，本希望分到航空大隊司令部，但是年齡太大了。另外，我還最有希望分到大型補給船上，有此經歷就可爲入選航母艦長打下基礎。

指揮航母是海軍航空兵職業發展生涯中必不可少的，因爲沒有當過航母艦長的海軍航空兵是很難成爲一名將官的，航母艦長是海軍航空兵軍官職業發展的重要分水嶺。爲確保最優秀的指揮軍官到這類綜合艦船上任職，航母艦長的選取形成了特有的體系，即「航母名單」。當一名海軍航空兵達到上校軍銜時，他的任職履歷和職稱報告就會送審一個特別的資深航空兵專家組。這個由海軍人事局航空兵計畫處組織的專家組，會對每一個履歷具備成爲航母艦長的航空兵上校進行全面的等級評定，並按照其等級列出排名名單。那時艦隊有16艘攻擊型航母、9艘反潛航母。「航母名單」上首先列出的是16位去攻擊型航母任艦長的上校，接著是9位去反潛航母任艦長的上校，這些人都是從27名候選人中挑出來的，剩下的2人會被分配去當海軍航空兵站站長或其他適合上校的海軍職位上。航母名單上名列前茅的上校一般都會分到稱心如意的崗位，如到大甲板的「福萊斯特」級航母或者到新建的航母上任職。沒有上名單的海軍航空兵上校會分到其他大型艦船上任艦長，如補給船、油船、兩棲運輸船等輔助艦船。對於其中大多數航空兵來說，這可能是他們第一次站在一艘10000噸或更大

的蒸汽動力雙螺旋槳海軍艦船的指揮臺上。原先航母艦載機飛行員經歷加上一年的大型艦船的任職經歷，將為他們的航母艦長之路打好基礎。

選拔上校幾個月後，皮爾瑞通知我名列一九六一年「航母名單」第一，並問我對海軍唯一的核動力航母——正在紐波特紐斯造船與乾船塢公司建造的「企業」號是否有興趣。2個備選艦長正隨海曼‧喬治‧裡科弗中將進行核訓練，如果我感興趣並得到裡科弗中將批准，我就是第3個備選艦長。如果我落選（因為有超過半數的裡科弗提名的備選艦長都會落選），我還可以繼續當「福萊斯特」級航母的艦長。

核動力航母艦長的選拔程序現已用在核潛艇艇長的選取上。海軍人事局先召集一個指揮軍官專家組選出最適合擔任核動力艦艇指揮員的提名人員名單。然後將其上報給裡科弗上將。裡科弗及其參謀面試候選人，並篩掉那些專業技術上看起來無法通過嚴格的核動力訓練課程或者能力達不到裡科弗要求的人。最終將審批名單送到海軍人事局，人事局再進一步請示負責相關領域的海軍作戰部副部長，然後從裡科弗批准的人員中選出適合的艦長。由於從海軍軍官學院畢業後，我沒有進行研究生階段的學習，因此專業技能成為我的軟肋，我看起來似乎不具備核動力的資格。所以我告訴皮爾瑞我願意接受核動力艦艇艦長的學習和訓練，以便能具備這種資格。

皮爾瑞以我在「航母名單」上第一的身分向裡科弗舉薦了我，參選「企業」號航母艦長。不到一個月，繼任阿利‧波克將軍的海軍作戰部部長，海軍航空兵出身的喬治‧安德森上將告訴皮爾瑞，他要改變航母艦長的選取程序，並將親自挑選核動力航母艦長，只是讓皮爾瑞先檢驗一下備選人的受訓水平。另外，他已經有了合適的人選，是另一個戰功顯著的艦載機飛行員和試飛員。

輔佐肯尼迪總統

還有一些動盪讓我的職業生涯產生波折。埃文‧皮特‧歐蘭德是海軍戰鬥

機飛行員中的傳奇人物，他曾是二戰中駕駛F6F抗擊日本人的王牌飛行員。戰後他被選擔任首批航母F6U「海盜」噴氣式飛機艦載機中隊中隊長。他優秀的指揮能力及他所在中隊的良好表現爲海軍航空兵的未來發展起到了重要作用。由於其在中隊的突出表現，皮特被選爲艾森豪威爾總統的海軍隨從參謀。因爲那時總統身邊未設國家安全顧問，而國防部又不熟悉軍事裝備和具體的戰術行動，所以總統身邊的三名軍事隨從人員是非常有影響力的。這些軍事隨從人員隨總統出入，可及時解答總統在軍事方面的各種問題。據說皮特‧歐蘭德在有關航母的很多重大問題上說服了艾森豪威爾總統。

由於在白宮工作受限，皮特被調到五角大樓海軍作戰部部長辦公室任參謀。一九六〇年十一月的一個早晨，約翰‧F.肯尼迪總統當選，但還未舉行就職典禮，皮特以一貫的作風衝進皮爾瑞將軍的外圍辦公室，讓我隨他一起到內辦公室見海軍作戰部副部長。向皮爾瑞簡短介紹了他曾是艾森豪威爾總統的海軍隨從參謀後，皮特切入正題：白宮此時正在網羅約翰‧F.肯尼迪總統的海軍隨從參謀，應該舉薦吉姆‧霍洛韋去。他緊接著就羅列了我的資歷：年齡合適，參加過二戰和朝鮮戰爭，有近期的艦隊工作經歷，目前在五角大樓的「E-ring」（NBC連續劇裡爲五角大樓的外部部門所起的綽號，主要負責制定與國家安全相關的政策）工作，又有海軍政策和方案制定的背景，另外，吉姆比肯尼迪總統個子低，這是一個隨從人員隨他的領導出席儀式的重要條件。

皮爾瑞認爲這個提議很好，並讓我們向海軍作戰部部長阿利‧波克上將彙報，部長毫不猶豫地同意了。接著一份由海軍人事局局長起草，由海軍作戰部部長簽發的決議被送往白宮。這幾乎沒有徵求過我的意見。我問：「那我大型艦船和航母的任職怎麼辦？」回答是：「吉姆，你要爲海軍作些犧牲，等你的隨從參謀任期一結束，你可以自由選擇想去的單位。」好吧，我真想不出拒絕的理由。

帶著我懸而未決的職業生涯去向，我又回到負責空戰的海軍作戰部副部長外圍辦公室辦公桌前，從早上七點十五分到下午八點，忙著安排議程，審核報

文，編輯通信文案，同時也等著任職命令。

肯尼迪總統的隨從參謀最終入選的人員出乎意料，也事發突然，是我海軍軍官學校的一名同學——海軍泰茨維爾‧T.謝潑德上校，而且不經海軍和國防部提名由白宮直接選拔。一九三九年，等待參加海軍軍官學校的體檢時，泰茨和我都處在年少無知的17歲，一起住在安納波李斯公寓的同一間房，他是我的朋友。泰茨是由阿拉巴馬州的斯巴克曼議員提名的。斯巴克曼是參議員的領頭人物，直接關係肯尼迪總統的選舉，他也是泰茨的岳父。看來這工作還是個肥差。泰茨正是總統想要找的理想海軍隨從參謀人選，他幹得確實不錯。

國家軍事學院

一九六一年六月我在五角大樓的任期結束後，離開OP-05，被送往國防部直屬的高級教育軍種院校，位於麥克奈爾堡的國家軍事學院的1962級進修。前來進修的同學包括海、陸、空、陸戰隊的上校，及國務院、中央情報局、國家安全局的官員們，所有行政級別的職業軍官都是定人定位參加學校進修的。這是我職業生涯的分水嶺，為我任頂級職位的將官鋪平道路。1962級的國家軍事學院進修人員中還有我海軍軍官學校的部分同學，這些人後來都飛黃騰達了。吉姆‧凱爾弗特早期在核潛艇上服役時曾操縱潛艇到達過北極，隨之聲名遠颺，並借此成為高級探險家俱樂部的成員。他和另一名潛艇人員比爾‧安德森提前兩年晉升上校。另外的海軍軍官學校同學還有艾默‧R.朱姆沃爾特，第19任海軍作戰部長。凱爾弗特還被選為國家軍事學院1962級的優秀學員。

同時，他倆的名字都被五角大樓提交給海軍反應堆部，作為「企業」級核動力航母艦長除我之外的備選人。裡科弗在原子能委員會權力巨大，曾告訴海軍作戰部部長安德森上將，雖然部長有權任命核動力艦船的艦長，但是只有他有權決定艦長的操艦（艇）資格。只有完成了裡科弗培訓的艦長，才具有最終的操艦（艇）資格。依據備選艦長的技能評估，裡科弗一人就能決定參加核培

訓的人員。他一直堅持由海軍作戰部部長來提名具備資歷的海軍航空兵指揮上校人員，再由他依據自己的標準來確定合格人員。喬治‧安德森上將對此大為不悅，但是由國會制定的法律偏向裡科弗，他對此也無能為力。畢竟，國會確定的法律是依據裡科弗所認為的海軍反應堆項目的核安全措施制定的，這其中必然包括核艦長的選取。因此只有那些裡科弗認為足夠智慧、足夠敬業的人才能擔任該重要職位。

水上飛機母艦

從國家軍事學院畢業，晉升為上校後，我被分配到排水量14000噸的「索爾茲伯海峽」號水上飛機母艦上任艦長。該艦在沖繩島外活動，是中國臺灣巡邏編隊的旗艦，搭載了一個馬丁P5M「水手」水上巡邏飛機中隊，並依靠這些大型的水上飛機執行遠程的海上偵察任務。行動時，水上飛機母艦航行至很遠的如琉球群島之類的地方，在我方掩護的環礁或海灣中用浮筒架設水上機場，為水上飛機設置跑道燈和飛機系泊浮筒。水上飛機母艦攜帶的裝備船和油船可滿足水上飛機的行動需求。依靠自身攜帶的小船，水上飛機母艦能將飛行員帶回母艦，並有專門的休息室和艙室提供食宿，然後再派出其他飛行員用加好油和重新裝備的巡邏飛機執行第二天的任務。「索爾茲伯海峽」號水上飛機母艦隨時準備完成多種作戰任務，武器艙甚至還裝備有核深水炸彈，進行全面備戰，即使在與蘇聯關係相對緩和的時期也是如此。

「索爾茲伯海峽」號被船員親切地稱為「薩利‧馬魯」，屬於「卡拉塔克」級水上飛機母艦。該艦是典型的海軍輔助艦船，編製船員260人，不含飛行員、機組人員、維修人員、水上飛機入艦時隨的將軍和參謀人員等編外人員。該型艦船容量巨大，艦腹靠前是旗艦的上層建築，包括主甲板上的軍官住艙、指揮艙以及餐廳。艦橋上還有Mk 37砲的控制臺，用來控制安裝在前甲板上的兩座5英寸單管、閉合、雙用途艦砲。駕駛艙下層是指揮艙，其中的繪圖室

是隨艦的將軍和參謀人員的主要活動場所。艦艉有一個寬敞的飛機棚和一塊巨大的暢通無阻的停機坪，每一舷各有一個大型起重機，用來將P5M水上飛機吊上甲板。

「索爾茲伯海峽」號的母港位於加里福尼亞州的阿拉米達市，每18個月有6個月部署到日本沖繩的白灘，作爲中國臺灣巡邏分隊的指揮旗艦。艦員停靠的母港白灘位於景色宜人的巴克訥灣之濱，設施雖小，但是有參謀人員的家屬房、單身宿舍、舒適的軍官俱樂部、軍士長俱樂部以及士兵娛樂中心。由大量珊瑚礁包圍的閃閃發光的巴克訥灣沙灘本身就是一條壯觀的機場跑道。白灘修築有巡邏編隊旗艦的特製碼頭，碼頭周邊還用岩石設置了防浪堤。

當水上飛機母艦作爲旗艦部署到沖繩時，巡航期間每六周就有機會訪問環太平洋周邊具有異國情調的港口，如日本的佐世保，中國臺灣的高雄，香港地區以及新加坡的港口。雖然這些訪問都是官方顯示存在的訪問，告誡太平洋周邊國家美國爲他們的國家防衛承擔著義務，但是也爲船員參觀國外的港口提供了很好的機會。

中國臺灣巡邏編隊的總司令，直接負責「索爾茲伯海峽」號，也是我的直接領導，是一名海軍少將。他是海軍軍官學校1937級的學生，也擔任過太平洋戰區航母艦載戰鬥機中隊的中隊長，在二戰中與日本人交鋒過。他是二戰中的王牌飛行員，也是一流的海軍軍官。我值班的一個下午，「老煙」（他的別稱）把我叫到他的艙室。他沒有熱情接待我，雖然沉默寡言，但字字千金。我站在他的辦公桌前時，他也沒有讓我坐下。他開門見山地說：「霍洛韋，我知道你被派到『索爾茲伯海峽』號指揮大型艦船隻是下一步作爲航母艦長的鋪墊，因此你更需要從這艘艦上學習很多東西。但是現在你要知道我是中國臺灣巡邏分隊旗艦的指揮員，我來這不是和你玩的。所以你在作訓練計畫的時候，請將此牢記於心。我不想招惹麻煩，也不想讓我的參謀人員因爲你超出人員能力需求的訓練計畫而增加工作量。」這個指示很明確了。

一九六二年秋天，預計一次風力達60節的颱風將席捲沖繩島100英里處。我

認為將艦艇停靠碼頭是無法抵禦60節風力的影響的。那樣艦身將遭受重擊，並且沒法進行機動將艦艏頂風，使天線和干舷上的輕型裝備不受損壞。但將軍仍建議將艦艇拋錨停靠碼頭，用錨鏈充當艦艇縱向保險彈簧。但是二十年前我在「本尼恩」號驅逐艦上時經歷過颱風，對應對疾風甚至高速颱風等問題有自己的認識。因此我回復如果艦艇停靠碼頭而不起航的話將是一種失職的行為。我建議在貝克訥灣錨行。將兩錨外拋成90度，多放鬆些錨鏈，保持發動機運轉並保持一名資深軍官始終位於駕駛室，一直操艦航行，利用艦艇機動將兩錨鏈的拉力減到最低。將軍「哼」了一聲表示同意，因為他知道我的處理方案是正確的。他命令他的參謀人員上午八點上艦，協同我們一起錨行，整整忙活了兩個晚上，直到風暴平息才回到白灘駐泊處。這次經歷更使我堅信如果風速超過60節，就不能在貝克訥灣停靠碼頭系泊或錨泊，只有在寬闊的海上機動區內錨行才能使艦艇保持安全的航向，避免颱風風力的影響。

兩周後，沖繩島艦隊氣象預報中心預報將有一場颱風直接襲擊沖繩島北部，並預計白灘的風力將超過100節。我告訴將軍我打算在貝克訥灣風力超過30節後就起航。將軍仍建議我考慮停靠碼頭艦艏尾拋錨，並留足錨鏈，利用錨鏈的重量抗擊陣風帶來的衝擊力。我告訴他基於上次的經驗，我經過仔細觀察，發現這種安排容易導致艦艇受損。

當天上午，預報第二天貝克訥灣的風力將達到30節。我報告參謀長，如果將軍和隨從參謀想登艦躲避颱風的話，我想讓他們在第二天上午九點上艦。我計畫在十一點起航，這時風速還沒有達到危險的級別。他將該請示報告了將軍，將軍回復他的參謀九點上艦，他隨後趕到。

第二天九點，20多名參謀準時上艦，將軍一小時後才現身。那時已大雨傾盆，風力達到了40節。每一分鐘我都如坐針氈，因為艦艇穿過狹窄的防波堤出口時，風力會直接作用於「索爾茲伯海峽」號橫樑，風和浪的相互作用將對艦艇造成最大衝擊。將軍和隨從參謀大約十點上艦，隨從參謀解釋，為了照顧家屬需要解決很多問題。因為沖繩島上的建築物都無法經受預報的颶風風力，所

以陸軍派了很多裝甲輸送車停在家屬住所周邊用作暴風雨中的避難所。將軍安排好家屬和裝甲輸送車的相關事宜，才離開住所，因此耽擱了一會兒。

做好最後的分配後，碼頭纜繩人員鬆開纜繩，「索爾茲伯海峽」號迎著40節的狂風和滂沱大雨起航了。艦艇一駛出貝克訥灣，我們就轉向相對安全的西南航向。當暴風雨席捲沖繩島時，我們正遠離低氣壓中心。傍晚七點，風勢逐漸減緩，海浪也趨於平靜。我大部分時間都待在艦橋，和其他艙面軍官一起掌控航向。

大約傍晚九點，風雨漸過，將軍來到艦橋，問我為何向西南航行。我告訴他我非常清楚颱風的屬性，等颱風中心經過沖繩島另一側時，我就會調轉航向回去，那時就絕對沒有危險了。將軍說：「你有些小心過頭了，你已躲過暴風中心，處在安全的象限。此時風暴中心以20節的速度往東北轉移，如果你此時向東北航行，就會被風暴以10節的速度帶回貝克訥灣，你仍會處在距離風暴中心較遠的位置。」我對這個建議很不感冒，自從首次遭受惡劣天氣以來，我就一直待在艦橋，深知在整體颱風肆虐的情況下，還會混雜很多惡劣氣象條件。在躲避過程中，我們無法預測會遇上哪種天氣。我將這種擔憂告訴將軍，他回答說：「不，我認為你應該現在就返回母港。航向東北，返回白灘。」將軍說完轉身離開了艦橋。我憂心忡忡地命令舵手轉向45度航向，並讓領航員引導到達貝克訥灣入口的航向。接下來的兩小時，天氣急劇惡化，風力超過100節，浪高達到50英尺。艦艇的劇烈搖晃讓我非常不適。風浪撞擊著艦艇的左舷，「索爾茲伯海峽」號艦身傾斜成了40度，並且在很劇烈地搖晃著，似乎久久都不能復原。任何在大型艦船上經歷過這種惡劣天氣的人都知道這種晃動帶來的強烈不適。

大約凌晨兩點時，我們經歷了一次生死考驗。海況更加複雜，風勢也更難以預測。此時艦艇汽笛突然響起，使本已混亂不堪的艦橋更加雪上加霜。駕駛室湧進了3～4英寸深的海水，被艙口圍板攔著出不去。鉛筆、廢紙、紙咖啡杯以及其他的東西在上面漂來晃去。此時，將軍穿著睡衣浴袍出現在艦橋，與其

相比，我早已焦頭爛額。我的皮膚已被海水浸泡數小時了。那天唯一讓人安慰的就是天氣還比較暖和，不像二戰中我在「林戈爾德」號時，在北大西洋遭受的冰冷的暴風雨。艦橋裡所有船員都盡力依附在駕駛室裡的垂直柱子上，從一邊滑到另一邊。一會兒搖到海圖桌旁，一會兒又晃到雷達和駕駛臺旁。將軍對我說：「我一直以為艦艇汽笛持續鳴響的話代表遇上緊急情況，或者艦艇要沉沒，所有船員準備棄船。」他半開玩笑地說著，並詢問我們是否真地遇上了麻煩。我告訴他可能是連接煙囪的汽笛保險閥的繩索斷了，工程人員正冒著惡劣天氣和刺耳的聲音查找原因並關閉艦艇汽笛的蒸汽閥門。另外，艦艇目前還沒有危險。我告訴他我計畫恢復原來的航向，這樣可以更好地頂著主風和海浪錨行。將軍回復：「按照你的判斷來處理，你要讓我們擺脫這種惡劣天氣。」

我們再次轉向東南航向。白天惡劣的天氣逐漸好轉，風速降到只有35節，海浪也大幅平息，東南方向的海平面上甚至出現了幾片藍天。此時我改變航嚮往貝克訥灣航行，命令副艦長檢查艦艇受損情況。半小時後，副艦長和艦上的糾察員一起回來報告艦上大部分的損壞程度還不算太重。排風扇被吹壞了掉在旁邊；艙門蓋被吹鬆後丟了一些；部分水密門開始漏水，從餐廳儲物櫃裡滑落出來的碟子和貨物弄得甲板上到處是碎片，一片狼藉。打碎的陶器和鬆掉的裝置一天內就可以弄好，但最令人擔心的是艦上的彈藥補給船（一種搭載特殊裝備，用來給水上飛機搬運普通炸彈和深水炸彈的小型船隻）由於風暴扯斷了它右邊栓眼的繩子，在暴風雨中丟了。另外，飛機的加油船（另一種搭載油泵、過濾器、油箱的專門船隻，用來給水上飛機提供清潔的航空燃油）船頭破裂，船舷上緣粉碎。為了避免在加油過程中和其他金屬船身和水上飛機機身摩擦起火，這些船隻都是用木頭製成的，因此得回到碼頭接受徹底的改裝。

這顯然不是好消息。海軍規章中對艦長在惡劣天氣中對艦船的安全預防措施和其職責有明確的規定，我們的情況非常嚴重，因為這些船隻對「索爾茲伯海峽」號在水上機場支援水上飛機完成主要任務非常重要。

我們第二天下午兩點抵達白灘碼頭，當船廠開始修復艦艇時，參謀們離開

了艦艇。當我在系泊艦艇時，將軍來到艦橋見我，對我說他知道我們的彈藥補給船和加油船丟失和損壞的事情，他會關注更換修復事宜，並安排新船隻裝備上艦。他的參謀會盡快負責相關工作並通知我進展情況。我衷心地感謝了他的幫助。他轉過身對著後甲板敬了個禮，然後說，「我們此次短暫的海上之行，你在降低颱風危害方面工作成績卓著。」他眨了眨眼，冷峻的臉龐上擠出一絲微笑，穿過舷梯，走向在車旁等待的參謀，回家查看住所的受損情況。

第9章

核推進：海曼・喬治・裡科弗中將

一九六三年十二月，「索爾茲伯海峽」號返回舊金山海灣區進行大修，我則聽令到華盛頓報到，為「企業」號事宜接受裡科弗中將的面試。這對於我來說是一次特別的經歷，因為所有候選軍官都要接受裡科弗中將的口頭測試。

海軍艦船局海軍船用反應堆管理處辦公室位於海軍部舊址，由一戰時複合板建造的辦公樓演變而來，位於憲法大道的商業街上。我上午七點半到達，首先接受裡科弗中將的3名高級文職技術助理員的面試。他們都是早期在田納西州橡樹嶺成立海軍核試驗場時就追隨裡科弗的工程團隊人員，他們之所以一直追隨裡科弗是因為他們讚賞裡科弗理性的處事風格和極高的技術造詣。面試很難，測試候選者的專業知識以及在核工程方面的才華。面試持續了整個上午，結束後面試官會將參加下午面試的人員名單交給裡科弗將軍，由他在下午親自進行面試。

下午一點半我被召集到裡科弗的辦公室外，坐在辦公室外大廳內的硬質木長凳上等待面試。兩點半時，裡科弗的祕書手裡拿著一摞文件從她的辦公室走出來（裡科弗的辦公室沒有前廳）。接著我就被領到裡科弗的辦公室，坐在一個很不舒服的木質短腿椅子上，裡科弗則坐在辦公桌旁，被一大摞凌亂的材料擋住了臉。由於後面一扇髒兮兮的窗戶只能映出他的側影，因此我看不到他的面部表情。他聲音柔和，態度謙虛，開始問一些跟我料想的差不多的問題。比如：我最想分配到哪個崗位上？欲任職「企業」號艦長的原因是什麼？我是否

具有勝任該工作的學識能力？最近讀些什麼書，最喜歡哪本，為什麼？裡科弗從我還是海軍軍官學院學員時的學術等級成績單開始看我的資料。從這份成績單上可以看出我上軍校一年級的時候，成績都還不錯，平均都在B以上，但是臨畢業的後兩年成績就一落千丈。裡科弗詢問我原因。我小心翼翼並且坦誠地回答，因為懷著參戰的意願，我只想在學校裡盡情享受生活，因此要求學習成績只要不掛科就行。裡科弗明確地告訴我這個理由太牽強了，並讓我到隔壁沒人的辦公室想一個更好的答案。

　　我想了半天裡科弗到底想要什麼樣的答案，半小時後又被叫回到辦公室。我解釋說我參加了摔跤隊，占用了很多的時間和精力，因此耽誤了學習。裡科弗不容置疑地否認了這個很爛的答案，又讓我回到那個空辦公室。他還加了一句說，我應該想出更有意義的答案來。在交談中，我發現裡科弗雖話很少，且看似無關，但是都能直接正中要害。

　　當我再次回到裡科弗的辦公室，他直截了當地問我，「後兩年你的成績為什麼會這麼差？」我直接以一種短促有力的語氣回答：「因為我不夠聰明。」這句話的意思是我相當愚蠢，弄糟了本可以更好的成績（這是個雙關語）。裡科弗自然能明白我說的意思，這也正是他想要的答案。他說，「完全正確，下個月我會安排你來我這裡報到，開始你的核訓練。」

　　一九六四年二月，我從加里福尼亞州奧克蘭離開了「索爾茲伯海峽」號，到裡科弗將軍的海軍艦船局海軍船用反應堆管理處任職。裡科弗的辦公區共有6個單獨的研究室，是我們4個高級軍官和裡科弗的參謀學習的地方，這裡明年還會成為我們的指揮部。我們整日都在這裡埋頭研究，從上午八點一直到下午六點海軍反應堆管理處辦公室關門，學習、演說、和裡科弗開會構成了我們生活的全部。另外，我們每天還有至少3小時的作業，並解答問題，撰寫第二天要交的用於評定等級的論文。講師都是裡科弗機構裡的資深參謀，並且這只是他們的副業，這與裡科弗所倡導的包括節約人力在內的資源節約的理念相一致。對於我們這些參加學習的高級軍官來講，每天在「裡科弗核知識學院」裡的日常

學習非常吃力。同時他們也為那些初級軍官們設置正式的教室學習課程。這些
軍官在羅得島州新港的海軍反應堆學校上課，這裡完全是學院式的環境，由經
驗豐富的講師進行培訓。裡科弗認為對於那些剛走出海軍軍官學校和海軍後備
役軍官訓練團學院準備步入這個項目的初級軍官來講，這些正式的訓練課程非
常適合；但對於那些未來的航母艦長，裡科弗則想親自督導他們。一九六三年
的高級軍官團隊包括：我，「企業」號的未來艦長人選；福瑞斯特·彼得森中
校，試飛員，宇航員，「企業」號的未來副艦長人選；沃爾特·施瓦茨中校，
「長灘」號核動力巡洋艦的未來副艦長人選；肯特·李中校，戰鬥機飛行員，
「企業」號的未來艦長人選，三年前剛從蒙特里的海軍研究生學院獲得核物理
碩士學位。這確實是個專業的傑出團隊，除了我之外，所有人近幾年都獲得過
較硬的研究生學歷。

　　這確實是段困難的經歷。課程歷時8個月，包括每3個月就有1個月到位於
愛達荷州阿科（Arco）的岸基反應堆試驗基地實習。該基地完全複製了四分之
一的「企業」號核推進單元。該單元由2個核反應堆組成，推動2個蒸汽輪機發
動機，通過減速齒輪，帶動單螺旋軸，產生35000軸馬力[①]的動力。這完全是按
照「企業」號的核裝置準確複製的。裡科弗用千方百計獲得的這些部件建造了
這個陸基的核動力模型，並認為它們完全可用作「企業」號應急發電的備用裝
置。

　　我們這些未來的艦長們主要在裡科弗指揮部裡的工程師和科學家的輔導下
從教科書上學習熱力學、電學以及核物理。在愛達荷州阿科基地裝備模型實習
時，我們可以實操反應堆和蒸汽裝置。實習時高級軍官採取兩班輪班制，每天
兩個8小時輪班。裡科弗告訴我們，「城鎮離基地有60英里，況且城鎮裡也沒
有什麼有意思的東西。剩下的8小時供你們學習、吃飯、睡覺、刮鬍子、作運
動。」我感覺這真的很難。在海軍軍官學校時我的學術研究並不成問題，我自
信能通過學習課程，只要稍稍花點精力，就能保證不掛科。但是在裡科弗的學

---

①1軸马力=735瓦。

術課程裡，所有成績必須達到中上水平。

在華盛頓跟裡科弗一起時，我完全沒有了社交生活。我每天要花數小時完成作業，週六要爲裡科弗做特別項目，週日還要追趕學習進度。裡科弗至少有兩次要我對自己的學術表現發表評論。8個月後，我終於看到了黎明。所有反應堆工藝學的知識我都掌握得差不多了。最後兩個月裡科弗會爲高級軍官學員們布置一些有趣的項目，比如設計一些內在「不安全」的反應堆，日子相對輕鬆。期末測試我獲得了97分，是團隊中學分最高的一個。

一直跟隨裡科夫的參謀是一個叫比爾·魏格納的海軍中校。他非常聰明，致力於核培訓，從海軍船用反應堆管理處成立之始就一直追隨著裡科弗這個他們私下裡稱爲「溫和的老紳士」的人。雖然在裡科弗的海軍機構裡，他是「參謀長」，但是我從未見過他穿軍裝。順帶說一下，我也從未見過裡科弗將軍穿軍裝。他更喜歡穿著不怎麼顯眼的便服。這個「參謀長」沒有升到上校就退役了，日後在核動力政策制定方面非常有影響力。

三星中將的裡科弗和下屬的三條綬帶的中校高級軍官中間間隔很大，因此裡科弗經常拜訪我們這些未來的艦長們，尋求幫助，要我們參與管理越來越多的海軍軍官學校和海軍後備役軍官訓練團學院前來面試的初級軍官們。這些秋季即將畢業的軍校學員自願參加核動力培訓，這樣他們畢業後就能被分配到潛艇學校（那時所有的潛艇都是核動力的了），或者核動力的水面艦艇上，如巡洋艦、導彈護衛艦或航母上。

海軍軍官學校來的投考生們從安納波李斯乘坐大巴車到裡科弗這裡。一到這個鋪著打著補丁的工業油氈地毯的黃褐色的辦公區內，這些學員從裡科弗的技術參謀到裡科弗要經歷3次面試。所有能到裡科弗的海軍核反應堆項目中任職的高級軍官和文職人員都要經過他的面試和同意。一些人也許經過3次以上的面試後，裡科弗才得出該投考人不管幹什麼工作都要付出艱辛的努力的結論。

工程技術參謀面試時主要看每個來面試的人的智力水平和技術潛力，然後寫一個有關投考人的總結報告。裡科弗親自進行最終面試時會重新審核這些評

價。他一天可以面試20名學員，如果可以面試整車的學員，他能從上午九點一直面試到下午六點。整個程序需要精心組織——向投考人宣布注意事項並進行初次面試，要確保整個面試銜接流暢，面試進程中沒有耽擱和空缺。而這些運作過程，全是我們這些「未來艦長」的功勞。裡科弗沒有告訴我們怎麼做，只是告訴我們他需要的效果。

作爲在此學習的高級軍官，當我不在阿科基地的時候，我的職責就是安排這些面試的程序。我還有項額外的任務就是在裡科弗每次面試時陪考。他這樣做是因爲前些年有一個被刷下來的投考人告訴國會議員面試時裡科弗叫他「傻×」。也許那個投考人確實很傻，裡科弗也這麼說過，但因此他決定面試時有個在場的軍官作證，以免再受到說粗話的指責。因此我有機會聽到不少面試內容。

另一名「未來艦長」的職責是充當「熱砲彈人」，將從將軍辦公室面試出來的那些不知所措的投考人及時清理走。所有參加面試工作的「未來艦長」們都一致認爲裡科弗的面試非常有效果，能爲他的項目選擇合適人選。雖然認知是重要的參考標準，但是裡科弗要求更高，有常識、肯擔當、爲人正直都構成參考標準。我還記得陪考時的一個案例。一名海軍醫療隊的上尉來參加核潛艇衛生幹事的面試。在我見證了以下對話前我還一直以爲他是合格的人選。

「你上醫學院的時候就結婚了嗎？」裡科弗問。

「是的。」上尉回答。

「還是在婚狀態嗎？」

「是的。」

「是同一個女人嗎？」

「不是。」

「你上醫學院的時候是你的第一任妻子爲你支付的生活費嗎？」裡科弗問。

「是的。」上尉回答。

「好了，你可以走了。」

那名醫生離開後，裡科弗看了看我，說：「將他標識爲不予考慮人選，帶下一個投考人進來。」

在華盛頓海軍反應堆管理處，所有的參謀和學生一周上6天班，裡科弗則上7天班。他所有的週末都用來參觀造船廠在建的核潛艇，並隨新建的潛艇下海適航。爲了配合裡科弗的時間表，這些海上適航都安排在週日。裡科弗喜歡帶一些非核潛艇部隊來的「未來艦長」隨他進行這些適航活動。他想讓這些飛行員和水面艦艇指揮員潛到潛艇的測試深度，感受潛艇鋼製艇體被水壓壓得「吱吱嘎嘎」響的可怕聲音。這都是相對於特定級別潛艇的極限測試深度。

將軍一般星期六下午離開華盛頓飛往造船廠，星期六晚些時候上艇並在艇上過夜，親自檢查所有適航前的準備工作。星期日早上潛艇就會開始深水適航。潛艇人員會進行性能測試和軍事操演，包括下潛至測試深度，然後裡科弗會出其不意地宣布操演開始，並關閉發電裝置，所有人員演示電力恢復的程序。這時我常會恐慌，但是潛艇人員知道這是他們的技術能力認證的一部分，操演得非常用心。星期日下午潛艇會返回母港，裡科弗也會於當天晚上回到華盛頓。很明顯，高級軍官們都不喜歡被抽去完成陪同任務，尤其是在知道星期六這個「溫和的老紳士」會淡出視野，去工廠檢查建造工作，海軍反應堆管理處辦公室就會沒人管了之後。

一次我有機會安排裡科弗的行程，這讓我更瞭解了這個「溫和的老紳士」的性格特點。裡科弗預定每個週末都要去帕斯卡古拉造船廠搭乘新的攻擊型潛艇。他問我能否安排一架海軍飛機接送他，最好是比較快的噴氣式飛機，因爲飛往偏遠造船廠的民航飛機服務條件有限，行程單調乏味。爲重要人物提供運輸服務的機場位於安德魯斯空軍基地的海軍二級航空站，專爲華盛頓當局服務，飛機由海軍的A-3D道格拉斯「空中勇士」轟炸機改造而成。這是一型由運輸機改裝的大航程雙發核轟炸機，可搭載1～2名乘客。作爲3星中將，裡科弗具備公事使用資格。他讓我爲他安排好週末的A-3專機行程。

接下來的幾天裡科弗開始有些惶惶不安，主要原因是經常乘坐民航飛機的他雖然熟悉潛艇、水面艦艇和核裝置，但是對海軍航空兵卻完全陌生。在海軍其他專業領域，他可能是最了不起的生活專家，但是對於海軍飛機他卻一無所知。一個士兵就能對他該坐在哪裡，什麼時候起床指手畫腳；他甚至可能不知道怎麼使用廁所。在這些不熟悉的環境下，複雜的自卑心理必定作祟，他肯定不會喜歡。

行程從一開始就出師不利。裡科弗讓我星期六上午八時到海軍反應堆管理處辦公室接他。因為沒有作為特權使用的公務車，我只好用自己的車。我有兩輛車，一輛是我妻子和兩個女兒使用的4門雪佛蘭；一輛是我自己用的英國凱旋TR-3B雙凹背椅跑車。這是一輛性能極佳的跑車，帶鉻線輻條車輪，軟式頂篷，皮革車篷。我自然考慮用雪佛蘭去接他，但是星期五晚上我女兒將車停到外面停車道時忘了把窗戶關上，由於當天晚上又下了場暴雨，車內全部濕透了。等雪佛蘭乾燥無望，我只能用TR-3B去接他了。

我提前15分鐘到達海軍反應堆管理處辦公室時，裡科弗早已在那等得不耐煩了。對於搭乘由噴氣式核轟炸機改裝的運輸機，他有些惶惶不安。他更不敢相信我竟然用凹背椅汽車從華盛頓送他到安德魯斯空軍基地。一開始他拒絕乘坐，但是後來他同意了。他仍然是有虛榮心的，他不想讓大家對他不願乘坐這種稀奇古怪的汽車品頭論足。

A-3飛機就停在海軍二級航空站的控制樓前的停機坪上，很多勤務軍官焦急地圍在旁邊。裡科弗問：「我怎麼進去？」因為沒有梯子、平臺或臺階，這個問題顯而易見。裡科弗立即又注意到內艙沒有門窗。地勤組組長解釋說他可以通過機頭的輪子爬進座艙，然後擠進去坐到改裝後的炸彈艙內，並且背上降落傘。裡科弗的臉一沉，回頭對我說：「你為什麼不跟我一起去？」我解釋說那天我在海軍反應堆管理處辦公室還有考試，這也是裡科弗唯一能夠接受的理由。地勤組組長給裡科弗的便裝上套了一套防護服，並解釋這是為了防止飛機失事著火的聚酰胺消防服。由於裡科弗的體重不到120磅，防護服的袖子和褲腿

還得捲起來。最誇張的部分是安全帽，裡科弗被要求戴了一頂連接著巨大麥克風和耳機的標準海軍塑料飛行頭盔。地勤組組長還傻乎乎地告訴裡科弗萬一飛機出事，他們需要用這個設備和裡科弗通信，告訴他什麼時候跳傘。此時，我看著裡科弗，穿著滑稽的上卷的防護服，戴著巨大的頭盔，就好像一個囚犯，表現出我從未見過的順從，我突然感到一陣揪心的自責和同情。

星期一上午八點，裡科弗把我叫到他的辦公室，告訴我潛艇的適航非常成功。直到談話快結束時，他才提起往返帕斯卡古拉的飛機的事情。並且幾乎是用一種非常肯定又很輕鬆的口氣跟我說，「飛機往返都很好，下次我還想再試試。」但是他再也沒有試過。

裡科弗有一個習慣，也許是一種由寂寞而生的習慣，他喜歡晚上打電話給他的下屬，並且只是聊天。記得我在華盛頓的辦公室學習時有段時期住在家鄉阿靈頓，裡科弗一星期會有3～4個晚上給我打電話，總是讓我不得不離開晚飯桌去接電話。一開始我將跟這位偉人暢聊大道理看作是一種榮耀，但是我的妻子戴布尼很快就厭煩了，因為一到全家好不容易聚到一起吃飯時，我就得將她們晾到一邊，讓她精心準備的飯菜都變涼了。我承認我仍然喜歡和裡科弗一起暢聊，因為能從這位與眾不同的名人身上獲取對事物公正的認識和思考。談話經常是一邊倒的，裡科弗的話裡總是不乏賢言警句，並且沒有指責和警告。裡科弗開始總是喜歡津津樂道核動力的優勢，然後就他對海軍和國家所做的貢獻發表感言，最後以一種悲憤的語調感慨他的懷才不遇。但是在一次可能持續了30～45分鐘的通話中，裡科弗不經意地顯示出了不安定感，或者是遭受迫害情結。總而言之，我認為我跟裡科弗的關係不錯。當我受到責備時，我也認為值得。

有支持裡科弗的人就有污蔑里科弗的人，或者可以說是他的頑敵。一九七四年晚秋，我當了差不多5個月的海軍作戰部部長時，我的執行助理鮑威爾‧凱爾上校，告訴我國防部部長辦公室的湯馬斯‧寇克朗想見我。我沒有見過湯馬斯‧寇克朗，甚至沒有聽過這個人，也不知道他想跟海軍作戰部部長探

討什麼問題。同時我也認為我很忙，沒有時間接受其他人的預約，因此我告訴鮑威爾傳話給寇克朗說我沒空接見他。鮑威爾建議我最好見見寇克朗，因為其中牽涉很多政治因素。我同意了，並認為讓寇克朗主動打電話預約比我跟國防部部長辦公室進行正式協商更合適。我在這些事務上絕對信任鮑威爾，因為他更能解讀施萊辛格部長能力超群的執行助理、後來的陸軍參謀長維克‧漢姆准將的指示。

後來經過瞭解我才知道，湯馬斯‧寇克朗以「湯米‧大科克」被大家熟知，不管在什麼事情上，他都以華盛頓首席說客而著稱。雖然沒有調查出他想討論什麼問題，但是我想肯定是給某人做說客來了。數天後，「湯米‧大科克」在預約的上午十點準時匆匆忙忙地走進辦公室，態度有些過分殷勤但十分友好。他接了一杯咖啡，坐在主賓的位置，一個正對著海軍作戰部部長巨大的辦公桌的擺在辦公室一端的很舒適的長沙發椅上。

「湯米‧大科克」坐在長沙發椅的右側，他說：「將軍，我想讓您將裡科弗將軍調到安納波李斯當學院的院長。我們都知道他對教育很感興趣，這剛好可以成就他一心想幹的事情。」我大吃一驚，並且肯定將這種情緒表現在臉上了，然後我說：「但是現在裡科弗是海軍反應堆管理處的主任，而且是原子能委員會的部長助理。他的位置關鍵，責任重大。他也許對教育感興趣，但是無論如何他也不是管理安納波李斯的學院的人選。問題不像理論上看的那麼簡單啊。」

「湯米‧大科克」回答：「事實上，那只是我舉薦他到海軍軍官學校任職的一個方面的原因，他現在是部分美國工業和我所代表的大部分生意人利益的一根毒刺。理論上講，這些人都是和海軍在做生意，但事實上都是和裡科弗將軍在做生意，他們認為在和海軍洽談並簽訂合同時，他確實冥頑不靈。」

我問他是哪方面的問題，他回答：「嗯，我想你也知道里科弗將軍非常剛愎自用，當有實業家到他辦公室洽談生意時，他總是要求知道對方有什麼資格能夠製造符合核標準的高質量材料。將軍，你也知道這些生意人都很老道，不

願意以這種生硬的方式洽談，並讓自己的資格受到質疑。那些和裡科弗簽訂了合同的廠家也發現裡科弗會派參謀到工廠監督合同履行情況，確保嚴格按照每個合同條款實施。你也知道他的標準不是一般的嚴格，據我所知，工廠生產線並非總是絲毫不差的，但是這些細微差別並不至於引起問題，只是稍稍達不到裡科弗的標準罷了。情況只可能是要麼對這些生意人稍放寬要求，要麼就撕毀很多合同。」

我指出只要存在兩個投標者就會有競爭，而很多時候最終確定的不是投標價格而是合同確定的固定價格。裡科弗認為對於那些從未承建過此類項目的廠商來說，追求更高的標準對他們才公平，他們應該是幫助而不是阻礙裡科弗及他派來的提供建議和協商條款的人。「湯米‧大科克」說道：「但是裡科弗的商定條款都是從自身利益出發的，承建商及其工廠人員認為他們在條款中處於不公平的地位。」我回答儘管他們認為不公平，但是他們還是接了合同，接受了政府檢查員對其工廠的監督。

聽到這話，「湯米‧大科克」情緒開始激動但仍保持克制說：「將軍，他又粗魯又過分苛刻，我的人不習慣接受那種對待。他們想做這筆核生意，但是讓他們和裡科弗將軍協商時，裡科弗總是要求產品質量要高於政府標準，這實在太難為他們了。裡科弗將軍簡直不給他們喘氣的機會。」

我回答道：「寇克朗先生，我認為我們現在就可以結束談話了。第一，我承認裡科弗將軍脾氣暴躁，但是他的工作特殊，出於安全考慮需要非常嚴格地把關。他堅持標準是因為要保護我們的士兵和其他人員的生命免受核事故的影響。如果你的委託人想做這筆核生意就必須忍受裡科弗，不能偷工減料。我從未考慮過要將他從那個位置上換下來。第二，為了讓美國的工業家們不再和裡科弗不愉快地共事，而讓安納波李斯的學院接受這個脾氣暴躁的老人，將4000名學員推向痛苦的深淵，是完全荒謬的。你認為讓裡科弗管束美國海軍軍官學校的學員合適，而管束你那些憤怒的金融家就不合適，這完全是對學員們的一種蔑視。我們的會談到此為止吧！」

當得到我認為他本應該想到的結果時，寇克朗暴怒了。至少他能到委託人那裡拿回酬勞，並告訴他們他已經跟海軍交涉過了，但是海軍作戰部部長跟裡科弗一樣驕傲自大。

一九九九年出了一本寇克朗的寫實傳記，叫做《湯米・大科克，一流的說客》。與裡科弗相比，「湯米・大科克」確實很有一套，成功地將他的自傳賣上紐約時報暢銷書排行榜。

一九六四年六月，我結束與裡科弗的學習，但是「企業」號要到十月才移交，所以我被調到海軍作戰部部長辦公室，一個新設的參謀高級主管位子上任職，在中將霍洛西歐・瑞裡羅領導下負責海軍工程計畫辦公室的事務。瑞裡羅是一個非常聰明的人，在海軍軍官學校時就一直穩坐班級第一的寶座，並且最後還當了六年的上將，退役後他當了四年多美國駐西班牙的大使。他一直非常支持發展核動力，我任海軍作戰部部長時，他動員一幫通常是鷹派的退役將軍積極支持我的工作，並在其中發揮了重要的影響力。

那年八月，我兒子在一次車禍中喪生，讓我痛不欲生。小吉米剛在維吉尼亞大學上二年級，正準備接受馬歇爾獎學金。裡科弗將軍從《華盛頓郵報》早版一獲悉這個消息就打電話到家裡，是第一個給我家裡打電話安慰我的人。

雙反應堆航母

我任瑞裡羅特別助理的職責是負責核推進和航空母艦。裡科弗計畫「企業」號後續的航母都用4個反應堆動力裝置，這樣造價更便宜，運行成本也比「企業」號的8個反應堆動力裝置低很多。但是國防部部長的特設辦公室——阿萊・恩索文的工程評估辦公室認為核動力航母的效費比太低，因此國防部部長麥克納馬拉否決了其他核動力水面艦艇計畫。海軍對此束手無策。裡科弗只好通過他所倡導建立的眾議院武裝部隊委員會海上動力組委會向國會施壓，指出如果麥克納馬拉不批准核動力航母計畫的話，該委員會也不會批准非核能的航

母計畫。面對海軍積極的研究論證和主管研究、發展、測試、評估的助理國防部部長哈羅德・布朗（後成為空軍部長和繼任凱爾的國防部部長）的強有力的分析論證，麥克納馬拉仍一意孤行。正如布朗所說，「鮑勃自掘墳墓，現在得找個出口。」

一九六四年秋天，麥克納馬拉訪問匹茲堡貝提斯覈實驗室時，事情有了轉機。當時裡科弗給他演示了一個模擬的能產生70000軸馬力動力的反應堆。這是個將用在驅逐艦上的單反應堆推進裝置，動力是「企業」號反應堆的兩倍。麥克納馬拉就問裡科弗兩個這樣的反應堆是否能推動航母。委婉的回答方式應該是：「這要取決於航母的排水量大小。」推動「企業」號需要280000軸馬力的動力。但是在其他人還沒有反應過來時，裡科弗就響亮地回答行。麥克納馬拉轉向海軍作戰部部長麥克・唐納說：「星期一向我遞交一份備忘錄。」當時我就陪在他們3人身邊，因此對這些談話記憶猶新。

我在瑞裡羅的辦公室負責協調航母及核推進工作事宜時，一直關注著麥克納馬拉的批復。一天我截獲了一份起草的備忘錄，當它彙集到海軍作戰部部長的指揮系統後，會經過工程計畫辦公室，以便我們先安排好相關事宜。這個準備呈給海軍作戰部部長簽發並遞交給國防部部長麥克納馬拉的備忘錄，讓我非常震驚。備忘錄大體意思是坐ЧС海軍想在8反應堆裝置後發展4反應堆裝置的航母。」這個回復的備忘錄定會讓海軍「企業」號核動力航母發展計畫胎死腹中的。

海軍器材司令部搶先承擔了準備回復給麥克納馬拉的備忘錄工作，而且負責該司令部的上將經常會繞過裡科弗和瑞裡羅以及海軍作戰部部長的協定。海軍器材司令部裡沒有一個人受過核培訓，他們在起草備忘錄時，也沒有咨詢海軍反應堆辦公室的建議。我立即起草了一個沒有參考任何海軍器材司令部草案的回復，遞交瑞裡羅審閱並呈給海軍作戰部部長。這個備忘錄這樣回復，「是的，麥克納馬拉部長，海軍考慮了您關於兩個反應堆航母的建議，覺得可行。待您批准後我們立即遵照實行。」

這個回復當然事先與裡科弗的航母推進裝置專家戴夫‧萊頓進行過溝通。送給瑞裡羅中將審閱時，或者稱他為「瑞裡茨（Rivets）」，他的朋友們都這麼稱呼他，他快速審閱了兩遍，沒作任何修改當場就簽署了。在他將備忘錄遞交海軍作戰部部長前，他還將其遞交給了麥克‧唐納上將簽署。他倆都認為一定要在國防部部長的參謀影響他改變主意前，立刻遞交起草的備忘錄。海軍作戰部部長簽署後還認定恩索文的參謀會建議對雙反應堆航母進行一系列的研究，然後再批准實施建設，但是國防部部長麥克納馬拉立刻就批准了雙反應堆航母計畫。這就成就了後來的「尼米茲」級雙反應堆核動力航母，共設計建造了10艘。

萊頓後來向我透露他一開始還非常擔心雙反應堆航母的設計技術可行性，並且因為研究和技術發展限制，他更傾向於4個反應堆的設計。雙反應堆中每一個反應堆能產生120000軸馬力動力。而「企業」號的每一個反應堆只能產生35000軸馬力動力，這是一個巨大的能量級進步。這麼多的核流量聚集在有限的空間內，可能會產生無法預見的核輻射樣式，但當裡科弗決定實施時，海軍反應堆管理處所有科學家和工程師的疑慮都煙消雲散，他們堅信裡科弗。

「企業」號

一九六四年七月，我接到了「企業」號航母艦長的任命。這艘航母預計十一月在紐波特紐斯造船與干船塢公司進行大修並為8個反應堆補充燃料。這是項從未進行過的為期14個月的工作，裡科弗讓我到艦上為艦艇進行最後的把關，並隨艦適航，但不要在造船廠交付「企業」號前就接任艦長，海軍將在適航中檢驗各方面的性能。

航母還在造船廠進行大修和燃料補充時我就上艦了，而我的家人則留在阿靈頓。海軍的慣例是繼任艦長只有在上任前一周才能到新艦任職。這是為了確保離任艦長和船員們享受最後的時光，不受繼任者打擾，攪亂本已安排好的工

作。儘管如此，裡科弗是個徹頭徹尾的務實主義者，不喜歡受諸如海軍先例或習慣的束縛，堅持交接前2個月就上艦。我排除眾議，貓進了艦隊艙，一天工作5～8小時，並上岸就餐。我離艦長遠遠地，也不插手艦上的事務。在任的艦長麥克·麥克里斯忙著補充燃料和艦艇交付作戰艦隊的準備工作。除了複習反應堆技術手冊，我還需要學習當今的戰術教材和作戰程序，以便在「企業」號加入艦隊後，能更好地管理艦艇行動和作戰中呈戰術單元的航空聯隊。裡科弗也許不知道還有這些程序，無論如何，他肯定會認為這些是我的問題，不是他的。

自從二十世紀二〇年代（公認的是二戰開始後）航母進入美國海軍以來，航母艦長的任期是一年，主要有兩個原因：第一，也是最初的原因，是航母行動頻繁，其艦載機行動危險性大，因此航母艦長的壓力也很大，任期應受限制。第二，也是最重要的原因，是航母艦長必須是海軍航空兵出身，而想要提升為海軍少將，海軍飛行員也必須要經過航母艦長的歷練。因此，出於職業規畫的考慮，每個想晉升為將官的海軍航空兵軍官都要到航母上「鍍鍍金」。但是其他兵種的指揮軍官則不受這種條件的限制，在擔任了戰列艦、巡洋艦艦長，或者是驅逐艦和潛艇的中隊長後就可能直接晉升將官。

二戰以後，美國攻擊型航母的數量穩定在15艘左右，除此之外，還有9艘用於反潛的航母。那就是說，如果一個航母艦長的任期是兩年，每年只有12個海軍航空兵的上校具備晉升將官的資格。將任期定為12個月，晉升的人數也會翻倍。當然，也並非所有的航母艦長都能晉升，那些表現較差的艦長就無法晉升，比如說造成擱淺的、碰撞的或者任期內不能達到艦隊較高的訓練標準的。所以二戰後航母艦長的任期就定為一年。在裡科弗插手「企業」號航母艦長的挑選工作前，這個政策似乎一直令人滿意。

裡科弗是個務實主義者，同時也很自我。他花費了大量的時間和精力，和他的「智囊團」一起挑選、培訓並監督他的「企業」號核動力航母的艦長。

裡科弗親自篩選這些由海軍作戰部部長推薦（等同於挑好）的軍官。一年

內，這些未來的艦長在他的直接監督下在他的指揮部受訓6個月，然後將其移交給華盛頓的參謀機構，並到愛達荷州阿科（Arco）的岸基核動力航母模型上，對核動力設備和反應堆控制進行實際操作訓練。

總共加起來，「未來艦長」們將在他的機構裡共受訓一年，裡科弗認爲花這麼多時間挑選和訓練「企業」號的艦長，如果只擔任一年的航母艦長，就浪費了大量的培訓資源。

他的理論是，如果找到合適的「企業」號航母艦長，其任期可不定期。但是他也知道由於很多強制性的因素，他的理論並不能被所有人都接受，因此他決定將核動力航母艦長的任期變爲兩年，並說服他在國會的支持者們要求海軍遵照執行。這些人大多是眾議院武裝部隊委員會海上動力組委會的國會議員，參議院的議員斯古普・傑克森非常關注海軍的問題，他是裡科弗的忠實信徒。

海軍作戰部部長和海軍人事局局長對此持有異議，但都只是微微有所表示。他們不想惹上裡科弗及其盟友，深諳從長遠來看那只會給他們帶來麻煩。好在艦隊那時只有一艘核動力航母，對航空兵上校們的晉升也不至於造成很大的衝擊。海軍內很多高級軍官還支持在其他艦船和航空兵中隊也施行一年以上的任期，認爲由於要爲海軍軍官提供任職履歷，海軍人事局的職業管理體系在重重壓力下將艦長任期降爲一年，不利於艦隊的穩定。

無論如何，鑑於核動力航母潛在的放射性危險，海軍作戰部部長也認爲兩年的任期是合理的。正因爲如此，將最優秀和最富經驗的高級軍官，包括艦長和副艦長以及那些直接和核裝置打交道的人員，放到核動力艦船上是永恆的真理。

第10章

「企業」號：全速趕赴

　　裡科弗上將說：「它究竟有多神速？我們將拭目以待。」這並不像裡科弗的說話風格，簡直在開玩笑，因為裝備有新反應堆堆芯的8.7萬噸級戰艦以最高速航行是比較冒險的。

　　經過一整天的訓練和演習後，我們晚上九點坐在「企業」號的艦橋上品嘗著海軍特製的咖啡，憧憬著在一個風浪較大的晚上進行一系列實戰化試驗，以檢驗動力裝置。一九六五年八月十四日，我在航母機庫甲板上舉行的指揮權交接儀式上接管了「企業」號（停靠在紐波特紐斯造船和干船塢公司碼頭），裡科弗和戴布尼上將均出席了儀式。然而，我父親（已退役的四星上將）正躺在醫院裡，不能親眼目睹我接過世界上最大戰艦的指揮棒。次日早晨八點，我在艦橋上首次指揮「企業」號從海峽起航。前任指揮官已圓滿完成「企業」號的驗收試驗，並對8個核反應堆進行了長達一年之久的燃料填充，「企業」號現裝備了一個壽命更長的新型反應堆堆芯。現在，裡科弗想看看該戰艦的性能究竟如何。我們把馬力開到最大，連續航行了6小時，並抵達距岸50海里的預定訓練海域。裡科弗親自監測航母推進裝置的所有特徵。約在午夜時分，我在駕駛艙提高航速，然而，此時裡科弗卻建議不使用航母的四個方向舵，因為艦艇艦艉相對位置的任何移動都會產生阻力，從而導致艦船速度的下降。我按裡科弗的指示操作，但航母（排水量達7.8萬噸）約10分鐘後在本國領海上的航行開始變得漫無方向。我告訴裡科弗必須使用舵，但會最大程度地確保航母保持航行在

安全航路中。裡科弗突發奇想地命令增加「企業」號發動機的運轉速度，直至達到最高轉速。此時，航母的速度計（特殊的檢驗設備）顯示航母的速度已經超過37節（40英里/時）。當最高速度持續保持了一小時後，我們才開始逐漸減小發動機的轉速和反應堆的功率，以避免突然停止運轉使設備造成損壞。「企業」號返回到諾福克後，由於需要裝載維持6000多名艦員在海上生活6個多月的補給（包括食品、衣物、洗漱用品等重達幾千噸的物品），因此它只能沿著諾福克海軍基地的碼頭（海軍在漢普頓海濱的大型裝卸碼頭）航行。一旦部署，「企業」號將在海上依靠補給艦進行補給。

二十世紀五〇年代，海曼・喬治・裡科弗上尉和他在海軍部的海軍反應堆研究小組已經開發出壓水核反應堆，它是美國潛艇功率強且安全的推進裝置。因此，美國「鸚鵡螺」號成為世界上第一艘真正意義上的核動力潛艇。艾森豪威爾總統在「和平原子」計畫裡，大力倡議按相同的壓水核反應堆設計比例進行擴建，在賓夕法尼亞州航運港口設計了第一個民用核電廠，用來給匹茲堡地區供電。隨著「鸚鵡螺」號的成功建造，海軍作戰部部長阿利・波克上將意識到核動力運用於水面艦艇的潛力，尤其是航母。這客觀上促進了裡科弗的核探索的步伐。

一九六二年，第一艘核動力航母「企業」號在紐波特紐斯服役。為了在最短的時間內研製出具有實戰能力的核動力航母，裡科弗按照「佛瑞斯塔」級常規動力航母的尺寸和結構進行設計。發動機的位置基本保持不變，主要是用8個核反應堆替換8個鍋爐。與「佛瑞斯塔」級常規動力航母相類似，「企業」號裝備4臺主發動機，並通過常規減速齒輪驅動4個螺旋槳軸。實際上，蒸汽設備要適應從1200標準大氣壓[1]降到600標準大氣壓的壓力驟減，因此，裡科弗必須設計出這種具有特殊韌性的設備，以適應航母上的艦載機彈射器使用蒸汽所引起的熱驟變。這8個反應堆在設計和性能上都與核潛艇計畫正在使用的壓水核反應堆相類似。事實上，幾乎每艘航母的推進裝置和蒸汽系統的組成部分，都必須

---

[1] 1標準大氣壓=101.325千帕。

是技術上的新穎獨特設計，從第一個反應堆達到臨界點時就一直如此。一星期內，「企業」號可完成航行準備和補給裝載工作，準備為美國揚帆起航。

「企業」號將向海軍訓練司令部（受脾氣暴躁的約翰・寶其利少將領導）報告起航。二戰時，約翰・寶其利少將是一名魚雷快艇中隊中隊長，在日本攻占馬尼拉後將麥克阿瑟將軍及其家人從馬尼拉灣的科雷吉多爾島撤離，因此獲得了榮譽勳章。約翰・寶其利少將是海軍最高級的將領之一，當然也是怪想法最多的。他是完美主義者，要求必須堅持基本的海軍標準以保持軍艦的井然有序，並以擔任大西洋艦隊訓練官的權威，嚴格要求所有人員和單位。我相信，他認為航母艦長只會簡單地指揮甲板上飛機的起降，較少指揮艦船，對如何操船瞭解甚少。因此，他特別重視航母及其編隊指揮官的訓練。在某種程度上，他是正確的。能成功入選航母艦長的人不僅是聰明且能力超群的指揮官，還要能清楚認識到指揮航母的航空聯隊與指揮驅逐艦、巡洋艦和戰列艦的砲和魚雷發射管同等重要。當然，他們也應明白自己的航行安全職責以及如何最有效地管理艦船和艦員。

戰爭之後

「企業」號正按計畫有條不紊地進行訓練時，突然接到大西洋艦隊轉發來的五角大樓的電報，命令「企業」號停止訓練，立即返回諾福克做好部署到東南亞的準備。這對我們這些歷經數次突發事件的人來說是可以理解的，但90％的艦員及其家人對計畫的突變感到震驚。

一九六五年秋，越南共和國的形勢已到刻不容緩的關頭，參聯會建議總統大量出兵援助南亞的盟友擺脫威脅。海軍決定調派本準備趕赴地中海第六艦隊（屬於駐諾福克的大西洋艦隊）的「企業」號航母趕赴事發地——東京灣。其用意顯而易見，「企業」號是當時噸位最大、實力最強的戰艦。母艦上首次裝填的核能足以使用三年。「企業」號根據1958財年項目建造，竣工於一九六一

年十一月。但隨後分別根據1961財年和1963財年項目立項的「美國」號(CVA-66)和「約翰・F.肯尼迪」號航母卻轉而採用非核能的柴油燃料。雖然海軍已請求全部建造核動力航母，但國防部部長羅伯特・麥克納馬拉和國防部的參謀人員都因成本高昂而抵制核動力航母。因此，如果核動力航母不能證明核動力可以提高戰鬥效率，以及其額外的費用是合理的，它將被淘汰。核動力航母是否貨真價實，戰場上的檢驗將能給出明確答案。

參謀長聯席會指示「企業」號返回母港，然後直接前往東京灣。24小時後，「企業」號在關塔那摩停止恢復性訓練，並高速趕赴諾福克裝載儲備和彈藥，但征戰東南亞的上艦航空聯隊卻尚未確定。

海軍作戰部部長大衛・L.麥當勞上將決定充分利用「企業」號的獨特性能，從西海岸調入兩個攻擊機中隊加強到航母上。「企業」號的飛行甲板並不比那些常規動力的姊妹艦大，但搭載飛機所需燃油和彈藥的能力卻大幅增大，因此，原來艦載飛機的數量明顯不足。由於不需攜帶航母自身所需的重油，除了搭載護航編隊艦船的重油外，「企業」號可以比最大的常規動力航母所攜帶的噴氣式飛機的燃料多90%以上，航空彈藥多50%以上。

第九艦載機聯隊（「企業」號的指定增援艦載機群）由2個中隊的F-4B「鬼怪」II飛機組成，這也是當時世界上最先進的戰術飛機。F-4B「鬼怪」II最初是為海軍設計和生產的標準戰鬥機，但最終也被美國、北約和大多數自由世界的空軍訂購。F-4的最大飛行高度超過4.5萬英尺，最大飛行速度馬赫數為2，可輕易擊敗其他國家空軍的任何戰機。另外，還包括4個中隊的A-4C「天鷹」攻擊機。A-4C「天鷹」攻擊機雖然體積相對較小，但其投放核武器的能力卻跟投放常規武器的能力一樣。對航母而言，「天鷹」攻擊機是非常適用的艦載機，不僅體積小，而且具有較強的武器投送能力。它的機身重量不超過9000磅，但滿載炸彈和燃料後總的承重將超過20000磅。同時，這兩型海軍戰術戰機也頗受美國盟國的厚愛。例如，一九六九年以色列「建軍節」當天，傳統的飛行表演就只有以色列空軍的F-4「鬼怪」II和A-4「天鷹」戰機擔任。這2型由美

國海軍設計的艦載機賣到以色列後成為其空軍的主力。第九航空聯隊還包括6架RA-5C「民團團員」偵察機組成的中隊1個、A-3B「空中勇士」加油機分隊、E-1B「追蹤者」雷達偵察機分隊、UH-2A「海妖」救援直升機分隊各1個。另外，當「企業」號到達中國南海後，還會有少量的電子對抗飛機和雙發動機人員和物資運輸機（航母艦載運輸機COD）加入航空聯隊。

在一個星期內，西海岸飛行中隊必須轉場至諾福克海軍航空兵機場，而後轉場至航母甲板。同時，其工作人員也將被空運至諾福克。海軍預備隊將運送飛行中隊到航母，並履行他們每個人相應的職責。艦載機聯隊的配套設備（其中大部分用於指定飛機型號）用軍事空運局的飛機從空軍諾福克機場進行運輸，隨後再裝載上艦。然而，最大的問題在於人事調配。當時，根據海軍政策，應盡一切努力根據艦員和軍官在東方或西方海岸上的愛好進行調配。「企業」號原定以諾福克為母港部署在大西洋，然而，卻由於臨時任務而匆忙起航。因此，大多數艦員是男性，並喜歡在東部海域執行任務。當母港變為舊金山時，「企業」號被責令部署到太平洋艦隊，以參加在東京灣的作戰。海軍有責任把喜歡在東部海岸作戰的艦員換成喜歡在西部海岸作戰的艦員。這是海軍人事局和大西洋艦隊幹部調配部門最為頭疼的問題。同時，艦員們變換其職責任務和已經有了幾年工作經驗的單位，儘管能勝任，但與新船員在新艦上工作仍需要磨合，這也將導致「企業」號產生一系列問題。

「企業」號於一九六五年十月二十六日如期起航，駛往波多黎各，並在別克斯島訓練場使用實彈對越南進行為期兩天的模擬打擊。自一年多前在紐波特紐斯造船廠大修並填充燃料後，這是「企業」號首次與其艦載機進行協同行動。航空聯隊與航母的實彈演習能力也因此得到非常大的提升。之後，「企業」號不停靠任何港口，一直朝東南亞方向航行，直奔東南亞、好望角、印度洋、南海。它的第一項任務是補充戰鬥消耗品、噴氣式飛機的燃料和彈藥。航母分別靠著「薩賓」號油輪、「沙斯塔」號彈藥船（載有400多噸炸彈和導彈）進行一整夜的噴氣式飛機的燃料、彈藥補給。在核動力護衛艦「布里奇」號的

護航下，「企業」號以28節的速度加速行駛，並逐漸駛離了補給艦。

「企業」號以28～30節的速度風塵僕僕地橫跨大西洋和印度洋，在為期三周的航行裡進行了9天的全面飛行訓練。我們已接到命令，一旦抵達東京灣，可能不進行預先訓練就立即加入戰鬥。因此，沿路結合進行的飛行訓練是至關重要的。事實上，在抵達馬六甲海峽之前，我們就成功解決了在擠滿了90架飛機的飛行甲板上進行機動的問題。由於飛機數量太多，我們必須開發從未在美國航母上使用過的飛機操作和飛行甲板模式的新程序。在抵達馬六甲海峽前的最後幾天裡，我確信飛行甲板擁擠的唯一解決辦法是非常規，當首機到達到左舷艦艏時，給其他的停靠右舷的待飛飛機進行重新燃料和彈藥補給。無論飛行員還是機組人員都喜歡待在艦艉的飛行甲板上，觀看其他飛機迎著40節的風速降落在有一定角度的甲板上。然而，這卻變成了基本的新操作規程，這可使40架飛機在一小時內有序地進行起動、加油、裝彈和彈射起飛。由於在沿途結合進行加強性飛行訓練，當「企業」號抵達馬六甲海峽後，航母上的航空燃油量已經很少，因此美國海軍油船正在海峽入口處等候「企業」號補充燃油。當晚七時，「企業」號已鉤掛住「納瓦索塔」號，緊接著加了11小時的油，共加了130萬加侖的噴氣式飛機燃油。油船與「企業」號一併拐進狹窄的海峽，並保持著70英尺的距離，輸油管不斷地往艦艏加注航空煤油和往船尾加注重油。大部分驅逐艦是常規動力的，因此重油主要是供護航的驅逐艦使用。第二天，「企業」號向北轉向，以30節的速度直奔越南。那天早晨，第77特混編隊成員（第七艦隊的水雷部隊）搭一架美國運輸局的運輸機降落在航母上，標誌著「企業」號全體人員已加入對越作戰行動。「企業」號抵達後立即開始展開作戰行動。航空聯隊成員相互間是陌生的，對艦艇也很不熟悉。儘管「企業」號沒有進行短暫的休整，但艦上所有人都感覺「萬事俱備，只欠東風」。然而，訓練和工作的開展都不容易。事實上，6250多名艦員的平均年齡在22歲以下，大多數艦員都是首次參加巡航。在較短的時間內，「企業」號從大西洋艦隊調到太平洋艦隊，外加組織了2個艦載機中隊上艦，裝備了適應大規模作戰的最

大載荷的實彈以及準備了核動力裝置。航母上的軍官是沒有經過挑選就分配到「企業」號的，當然指揮官、執行官、反應堆維護人員、工程師和後勤保障人員（這些人都經過核知識培訓）除外，然而航母上分工明確，所有人都各司其責。在未來三年裡，「企業」號可能部署到任務海域。對於航空聯隊來說，所有的飛行中隊指揮官都歷經朝鮮戰爭或越南戰爭，作戰經驗豐富，是戰鬥的領導者，同時也是形成航母作戰能力的核心和靈魂。事實上，無論是中隊長還是作戰官，在戰鬥中駕駛飛機總是一馬當先的。

在越南戰爭中，領導者的專業水平與膽略將對航母艦載機在戰爭中的使用效率起決定性作用，但海軍卻為此付出了高昂的代價：在戰鬥中損失了67名航空聯隊指揮官、中隊長及行政人員。在「企業」號（一九六五～一九六六年部署）服役的中隊長的總體形象當時在海軍航空聯隊中就很有典型性，都是40歲出頭且擁有20多年軍官任職經歷的成熟軍官，同時，他們大部分駕駛過航母艦載機。軍官中大約有一半畢業於美國海軍學院，而其餘人員則畢業於位於佛羅里達州彭薩科拉的海軍航空軍校和美國海軍後備軍官訓練隊。他們中超過60％獲得高級學位，大部分獲得人事管理、航空軍械工程或航空工程碩士學位。其中4名中隊長後來成為了海軍少將，並都當過艦長。另有3名在擔任中隊長期間的行動中犧牲，1名在夜間降落「企業」號時意外罹難。雖然所有人都是能力出眾的飛行員和指揮官，但是海軍中隊長的任命並不完全論資排輩。海軍人事局組織的遴選委員會根據海軍軍官必要的資格、航空經驗和實際表現進行綜合擇優錄取。這些人員都是盡力盡責且受下級軍官和艦員欽佩的卓越領導人。不是所有艦上的軍官都具備編隊指揮官的才能，但也有一些空中編隊指揮員，擔任了部分關鍵艦艇的操艦員和艦長。其餘落選指揮官的飛行員則被安排擔任作戰信息中心主任、航空彈藥人員以及飛行活動計畫員，以獎勵其在「企業」號上參加戰鬥的良好表現。他們兢兢業業地工作，而且也充滿創造力。然而，也有2人表現得不稱職，他們在面對高節奏戰鬥行動時無法有效管理自己的部門或組織。在這種情況下，行政人員或艦長就會來解決問題，給他提供特別指導。

大多數情況下，在不斷的監督和支持下，這些部門人員都可以更好地履行職責。

一九六五年十二月二日，「企業」號抵達「揚基點」並做好戰爭準備後，向第77特混編隊司令作了報告。戰艦上的老兵們充滿信心，特混編隊的指揮官也滿懷希望。然而更重要的是，我們到了那裡，毫無選擇，只能背水一戰。這是我們的責任，也是我們唯一的使命。

第11章
「企業」號：越南

　　先前從越南南部的東京灣派來的特混編隊隨艦指揮官亨利・米勒少將，向海軍部部長報告：「我滿懷榮耀和喜悅地向您報告，一九六五年十二月二日七點二十分，太平洋艦隊首批核動力特混編隊及其美國海軍正式介入越南戰事。」

　　「企業」號的空中行動於七點正式開始。跟蹤報道越南戰事的通訊社報道：「航母艦橋及其上層建築所有角落擠滿了記者和軍事觀察員，共同見證了這一海戰中史無前例的時刻——在戰鬥中首次使用核動力航母。」「企業」號加入戰鬥開啟了海戰史的新篇章。

　　「企業」號首戰派出21架「鬼怪」和「天鷹」戰機對越南共和國邊和（Bien Hoa）附近的越南南方民族解放陣線軍事設施實施打擊。然而，第一天的行動顯得有些磕磕絆絆。一架「鬼怪」戰機在發動首波打擊後受損，嘗試7次降落都失敗且無法實施空中緊急加油後，飛行員被迫彈射跳傘逃生。所幸該飛行員被航母上的搜救直升機救回了「企業」號。雖然他在彈射跳傘過程中並未受傷，但卻被首波航母艦載運輸機運送回美國，其海軍飛行員的職業生涯也畫上了句號。還有一架損失的「鬼怪」是由於油箱被一枚早爆的炸彈炸破，燃油耗盡時，飛行員和雷達攔截官只能在越南共和國上空彈射跳傘。位於鴻關（Hon Quan）的陸軍特種部隊35分鐘後趕到，並呼叫空軍救援直升機營救了機組人員。下午時戰鬥漸漸平息，航母第九艦載機聯隊順利完成白天所有飛行任

務。當天，航母第九艦載機聯隊共發動了125架次突擊，投下167噸的炸彈和火箭彈。

越南戰爭

　　美國捲入越南戰爭是經過長期醞釀的，完全不同於立即並全面地投入朝鮮戰爭的情況。朝鮮戰爭時，總統在幾小時內就決定對裝備精良、作戰經驗豐富的朝鮮軍隊發動全面戰爭。

　　早在一九五〇年九月，越南南方民族解放陣線就成為我們的眼中釘。杜魯門總統在西貢建立了美國軍事援助和咨詢小組（MAAG），暗中支持法國鎮壓在法屬印度支那部分山區獲得控制權的越南共產黨。

　　肯尼迪總統上任之初，美國擴大了在越南的軍事存在，一九六三年駐越軍事顧問人員增長到1.7萬，行動包括使用美國陸軍直升機協助越南共和國部隊實施戰術部署，對抗越南南方民族解放陣線併入侵越南民主共和國。

　　一九六四年八月二日，在東京灣巡邏的美國「馬多克斯」號驅逐艦遭受越南民主共和國魚雷艇襲擊。該艦在「提康德羅加」號航母艦載機的協同抗擊下，將魚雷艇擊退。兩天後，東京灣巡邏的美國「馬多克斯」號和「特納‧喬伊」號驅逐艦報告再次受到越南民主共和國魚雷艇的襲擊。雖然驅逐艦向雷達顯示目標並實施了火力打擊，但從「提康德羅加」號航母起飛的、由吉姆‧斯托克達爾指揮的第53戰鬥機中隊的飛機卻難以在夜間和惡劣的天氣中實施反艦搜索。由於未見任何魚雷艇的蹤跡，是否真有這次襲擊也成為謎團。

　　基於該「東京灣事件」的報告，約翰遜總統立即作出反應，下令海軍實施報復。在第二天的「利箭」行動中，從「星座」號和「提康德羅加」號航母起飛的飛機對鴻基（Hon Gai）、萊彩（Loi Choi）、廣治（Quang Tri^、本翠（Ben Thuy）的魚雷艇基地和越南民主共和國的油庫發動了64架次的攻擊。航母特混編隊是唯一能立即進行報復的有效力量。攻擊中，越南民主共和國90%

的油庫、25艘P-4型魚雷艇和超過半數的軍需倉庫被摧毀。我方僅有兩架攻擊機被擊落：A-4「天鷹」和A-1「空中襲擊者」。A-1的飛行員犧牲，另一名A-4「天鷹」的飛行員伊恩斯・埃弗雷特・阿爾瓦雷斯成為了戰俘，並在一九七三年簽訂巴黎協定後被遣返。這只是對越南空襲行動的開始，後續行動包括一九六五年的「火焰山飛鏢」行動，從一九六五年到一九六八年的「滾雷」行動，以及一九七二年的「後衛」行動。一九七二年的「後衛」II行動迫使河內請求停火。航母參加了所有行動，發動了超過半數的空中打擊。

考慮到單靠空襲還不足以阻止越南民主共和國停止進攻越南共和國的步伐，林登・約翰遜決定在越南共和國部署地面打擊部隊防止越南共和國軍隊突然潰敗。根據作戰命令，一九六五年七月，17.5萬名陸軍地面部隊和海軍陸戰隊隊員進入越南共和國。

兩場戰爭

對美國在東南亞的軍事行動最簡潔的描述莫過於威廉・伍斯特摩蘭將軍的「發動兩場獨立的戰爭」。其中一場在越南共和國進行，聯合對抗越南南方民族解放陣線地面部隊。參戰力量包括：在海軍陸戰隊、海軍和空軍戰術飛機支援下的美國陸軍和海軍陸戰隊組成的地面部隊，由美國顧問指導的越南共和國軍隊、越南共和國空軍，以及澳大利亞和韓國軍隊。

美國的海軍部隊、越南共和國和美國的地面部隊還有一個使命任務，就是通過和解以及國家建設在越南贏得人心，也可以概括為與越南共和國村民一起協力奪回受越控制的村莊，然後提供顧問，通過當地管理首領重組村莊，防止越勢力和軍隊的再次滲入。

美國和越南共和國軍隊如果只將行動限制在越南共和國邊界內，不進入老撾境內切斷越南民主共和國軍隊往越南共和國的補給線，行動就無法取得實質性進展。然而，在這場戰爭中，越南共和國軍隊是禁止進入越南民主共和國非

軍事區的，滲入越南民主共和國類似「威斯特摩蘭二次戰爭」的情形。

越南民主共和國一直在玩文字遊戲，宣稱不會對越南共和國發動進攻，將越南南方民族解放陣線描繪成只是與地方政府有些小矛盾的「土改家」，並且對越南民主共和國正規軍隊存在的事實隻字不提。這樣的話，對其在越南共和國領土全面進行軍事行動的事實，美國就難以在世界輿論面前自圓其說。相反，美國將原本對軍事目標實施的「外科手術式打擊」以嚴格的交戰規則描述成最低程度傷及非軍事目標的行動。因此，第二場戰爭的參戰力量包括：從關島起飛的B-52空軍戰略轟炸機、從泰國和越南共和國起飛的空軍戰術飛機、從越南共和國基地起飛的陸戰隊的戰術飛機，以及從東京灣「揚基」航母駐泊點起飛的艦載機。實戰中，美國海軍水面艦艇、巡洋艦和驅逐艦還對在其射程內的越南民主共和國沿海後勤和軍事目標實施了火力打擊。常規水面艦艇廣泛用於對越南共和國岸上友軍的火力支援。

「企業」號和第九艦載機聯隊起初的任務是支援「同一國家」的盟國地面部隊實施打擊行動。十二月五日在綠色貝雷帽部隊圍攻叢林哨所的行動中，「企業」號執行了預先火力打擊行動。第七艦隊第77特混編隊司令傳來通報說：「我非常高興地宣布『企業』號航母及其第九航空聯隊飛行員創造了全天遂行165架次的突擊紀錄，比先前『企業』號在『迪克斯』駐泊點的紀錄還多34架次。」「迪克斯」駐泊點是航母在越南共和國行動駐泊點的委婉說法。那天「企業」號艦載機共出動211架次，其中177架次行動出擊，165架次攻擊。然而，當天「企業」號也損失了一名飛行員，該飛行員駕駛A-4遂行偵察任務時被擊落，不幸喪生。

在越南共和國作戰10天後，第七艦隊的司令命令「企業」號向北駛往「揚基」駐泊點，並在此執行特別行動。該駐泊點位於東京灣北部海區，是對越南民主共和國發動攻擊的起始點。「特別行動」是對越南民主共和國河內（Hanoi）、海防（Haiphong）重點防禦目標以及其他嚴密部署有蘇聯地空防空導彈和米格戰機的戰略地區實施突擊的代號。第77特混編隊在「揚基」駐泊點

至少保持有3艘航母，有時多達5艘。該航母編隊全天候、全氣象條件下行動：一艘行動時間為00：00至12：00，另一艘為08：00至20：00，第三艘為12：00至00：00。這樣在攻擊行動最有效的白天就能保持2艘航母對目標行動。每隔5天，航母的飛行時間進行輪換。這樣在30天時間內，對於飛行員來說最辛苦的夜間行動，每艘航母都輪到同樣次數。

12小時的飛行期結束並不意味著工作結束。在沒有飛行任務期間，航母將補充燃料、彈藥和物資。當飛行計畫裡的最後一架飛機降落在航母甲板上時，「企業」號立即轉向，以25節的速度駛向補給編隊。補給編隊包括3艘以上的支援艦船：包括油船、彈藥船和常規物資補給艦，組成單橫隊等待補給。通常情況下，補給編隊只距航母編隊10海里，以最大速度伴航航母編隊行動。

一九六六年二月，在一次飛行後的例行補給行動中，由第一艘新型5.9萬噸級攜帶大量戰鬥補給物資的「薩克拉曼多」號戰鬥支援艦對「企業」號進行航空燃料和彈藥補給。與「企業」協同行動後，第二天「薩克拉曼多」號發來信息：「昨天對『企業』號的補給重達465短噸[①]，其中，利用直升機垂直補給196短噸，創下日補給紀錄，任何一型補給艦都未創下這樣的紀錄。」「薩克拉曼多」號艦長哈羅德·希爾上校，後來成為我的海軍作戰部副部長。這無論對航母還是補給艦來說都是一個新的高度。

後來「薩克拉曼多」號給第七艦隊司令發了電報：「海軍第一艘快速戰鬥支援艦『薩克拉曼多』號，六月二日駛離越南海岸後首次在中國南海對『企業』號攻擊型航母實施了海上補給。『企業』號核動力航母緊鄰『薩克拉曼多』號補給艦，架設4個補給點，首批共計接收241短噸的重要常規彈藥。同時，『薩克拉曼多』號的2架波音UH-46A直升機伴隨補給點實施垂直補給，他們『轟炸式』地往航母飛行甲板碼垛彈藥直至補給任務完成。補給耗時55分鐘，創造了每小時轉運258.9短噸重貨物的紀錄。」這是「薩克拉曼多」號迄今為止的最高補給紀錄，這也將成為持續補充重要彈藥的里程碑。當然，這也是

---

① 1短噸=907.185千克。

航母的新紀錄。

「揚基」駐泊點的每艘航母幾乎每天都花費4～6小時實施補給。根據相關政策規定，所有艦隻都得及時備便所有物資，以便在應對任何新威脅時能立即反應，不必花時間來進行補給。

三分之二的補給都是在夜間「漆黑艦船」的條件下進行的，航母、巡洋艦、驅逐艦以及俄羅斯間諜船以不同航速、不同航向彙集於此實施補給。第77特混編隊航母艦長除指揮航母外，還負責指揮特混小隊內擔任護航任務的2艘驅逐艦。安全準時地讓航母和驅逐艦到達補給點與補給編隊會合，要求具備過硬的導航、機動、通信以及操艦技能。盡量少用無線電傳輸，依次不浪費時間地到達補給點，關乎艦長的專業尊嚴。

一九六六年四月二十六日，當艦橋時鐘上的秒針剛好通過十二點時，「企業」號發起首輪突擊。四月二十七日凌晨零點三十七分，最後一架飛機順利返航。最後降落的一架飛機剛從攔阻索卸下制動鉤，「企業」號艦長，即「企業」號和兩艘驅逐艦組成的77.6.2特混小隊的指揮員，就開始使用艦艦無線電通信向由1艘油船、1彈藥船、1艘常規物資補給艦以及2艘護衛艦組成的77.4.3特混小隊口述不加密的明語命令。最初命令兩個小隊轉為新航線，兩個小隊相向而行，提高接近速度。命令補給編隊的航速提高到18節，航母編隊的航速提高到25節。

兩個任務小隊在沒有燈光引導，彼此只能靠艦載雷達顯示器上顯示的綠色光點來識別位置的情況下，以接近50節的速度相向而行。通過海軍戰術數據系統控制臺（NTDS）的一個大CRT顯示器，我可以看到整個戰術態勢。該系統控制臺可顯示途徑航線，進行艦艇機動繪算，監視所有艦船的航速航向。否則，這些航線和航速還得依靠手繪艦操圖計算。

兩個任務小隊從初始位置保持此機動速度，可在10分鐘內迎面會合。這也是補給編隊的目標：盡快與航母編隊會合，完成彈藥、航空燃油和物資補給。安全平穩的航速至關重要，靠得太近就會釀成事故。

　　會合前5分鐘，補給編隊聽令轉爲艦艇左舷相對風向，以利用海況和最佳風向實施隊形變換，形成匀速18節的單橫隊。經驗豐富的補給艦艦長們聽令轉向補給航線，變爲單橫隊，3艘艦按規定保持1000碼間距。同時，通過海軍戰術數據系統計算，航母應位於油船左舷正橫1000碼處，此時油船應在補給編隊中以25節的速度反向航行。

　　兩個編隊中的所有艦船仍處於黑暗中，沒有任何光線，僅使用3部無線電臺保持通話。當航母直接抵達油船左舷正橫時，油船正以18節的速度位於補給編隊的航線上，舵手聽令：左標準舵，接著航母以25節速度靈活地轉向。此時8.9萬噸航母犁波破浪，艦尾外側激起巨型水花。

　　對空指揮官通過飛行甲板廣播通知：「準備向左舷轉向。」提醒所有飛行甲板和機棚上的飛行員，控制好飛機制動；在沒有拴住或駕駛艙內沒有飛行員的飛機輪下面插入楔形塞塊。飛機返航後都重新部署過。航母甲板180度大轉彎時會傾斜5～7度，此時除非採取適當的保護措施，控制好制動或將其拴住，否則飛機將會像老式護衛艦上的大砲一樣隨意滾動。當航母的轉向接近180度時，舵手需要聽令保持補給航向。如果按規定的轉率和適當的船速正確機動，「企業」號將至補給航線上，正好距離油船1200碼，沿油船尾跡以超過油船7節的速度航行。

　　即使在最黑暗的夜晚油船尾跡的粼粼波濤也清晰可見。此時，航母平行於油船的航線航行，目測距油船左邊航跡120～150英尺。支援行動中，航母常常從左舷接近補給艦隻，因爲航母的艦橋位於飛行甲板的右側邊緣，而距航母艦橋右翼吃水線以上約150英尺的地方就是操艦室。然而，黑夜裡油船只能看到一個黑點，所以航母艦艇的艦員通過內部聲動力電話向艦橋內操艦員報告航母靠近油船尾部時的情況。

　　「全速倒退」的命令打破操艦室的寂靜。隨後在整個行動中悄無聲息，沒有交談，只有報告、命令、復令。艦橋上的所有燈光都熄滅或減暗，讓操艦官及其助手適應夜間景況。

「全速倒退」的命令四個輪機艙同時執行，通過將蒸汽反嚮導入渦輪，讓螺旋槳減速至標準轉速，保持所有軸同步，讓螺旋槳軸在1分鐘內轉速從139轉/分降到0轉/分。在溫度達到98度，充斥著振耳欲聾的機器聲的輪機艙內，一位資深上士節流閥操作員，眼睛緊盯著前面的蒸汽壓力表，熟練地關閉了18英寸的節流閥，按艦橋的命令將航母準確降至預定航速。這個崗位非常重要，一旦出現錯誤就可能導致碰撞，撞翻補給編隊艦船，或危及核設施安全。

航母靠近油船的左舷時，微弱的燈光照亮兩艘艦船補給點上一群穿著棉製工作服和肥厚木棉救生衣的艦員。補給點上戴著不同顏色的安全帽的艦員行使著不同的職責。但同樣一片寂靜，除工作需要外，沒有人說話和隨意走動。

當航母艦橋到達距油船艦橋左翼約100英尺的預定陣位時，我下達命令：「所有發動機的轉速提高三分之二，加速到18節。」我是基於多年的操船經驗調整加速的時間的，這樣兩艦正橫相對時，「企業」號的相對速度為零，兩艦都能以18節的速度航行，不會造成艦艏、艦艉的相對運動。

此刻航母喇叭向油船廣播：「拋繩槍準備拋繩，油船上所有干舷人員躲避。」這意味著人員要躲在艙壁、防濺罩或者類似器械的後面。航母帆纜軍士們此刻做好使用拋繩槍穿過油船上甲板發射6英寸長、直徑半英寸的黃銅棒的準備工作。該銅棒後繫了一根比較輕的繩子，輕繩後面還拴著補給用的較重的繩子。帆纜軍士長將拋繩槍斜上45度對準油船，扣動扳機。黃銅棒飛過油船，落入後方海中。接著油船報告，艦員已離開躲避陣位，進入預定補給陣位。對兩艘艦來說，干舷上的任務艦員，歷經數次訓練，儼然已成為各自領域的專家。他們中沒有無聊的看客，沒有游手好閒之輩，也沒有虛度光陰之徒。

同時，航母上的幾個艦員還要準備拴在輕的引導繩上的鉛制「猴拳」引導頭，並用力將此引導頭甩過兩艦之間70英尺寬的間隔。「猴拳」引導頭用麻繩或輕繩加鉛塊或鐵塊編成直徑2英寸的球型。通常，能有大約一半被成功拋至油船。當拋得太近時，水手重新整理繩，然後再試一次。一分鐘內，6根引導繩拋至油船，然後油船的艦員把引導繩後面拴著的又重又粗的補給繩拖到船上，用

補給繩來鉤掛補給軟管和彈藥鉤子。

第一批引導繩中有一根是用於架設艦橋與艦橋間通信的聲動力電話線的。航母艦長通常第一個通電話，與同是上校軍銜的油船艦長互相確認對方身分。通話內容有一半以上是朋友或同級別的人員之間的寒暄，我經常會聊聊從海軍航空兵到航母艦長的經歷。經過簡短的寒暄和問候後，兩位艦長把電話交給各自的補給官，由他們具體就燃油、彈藥、補給品和設施的轉運交換意見。

在海上補給期間，交換電影是個神聖的儀式。每艘艦船都有「電影官」，通常是一個低級別軍官，他以能熟練地將本艦的A類電影暫時換為其他艦的B類電影而獲得好評。每天晚飯後，他就輪流在軍官艙、軍士長艙、一級軍士長艙、艦員艙播放電影。然而，每隔8小時值更4小時的制度，讓艦員無暇去看或完整看完一部電影。電影對於那些在海上執勤30天，上岸休息4天的艦員來說，是最適宜的休閒方式。

與油船並肩航行幾個小時後，「企業」號的航空油箱裝滿5號噴氣式飛機燃油，這是為海軍安全制定的標準燃料。它比用於岸基噴氣式飛機的4號燃油穩定性高，但沒有其動能大。完成燃油補給後，「企業」號一刻也不停歇，立即將補給索具送回油船，鬆開繩索，以25節的速度航行到編隊的前面，然後重複整個過程，航行到編隊另一邊，接近編隊右翼的彈藥船。

靠近彈藥船一舷後，同樣使用架設補給索的方法，用貨盤轉運炸彈、火箭彈和導彈。每個貨盤單次負載2個2000磅或4個1000磅重的彈藥，這些彈藥通過兩艘艦間70～100英尺的距離，最後被逐一放置在航母機庫甲板上。帆纜軍士們把這些彈藥轉交給軍械官，由他們使用彈藥車把彈藥從機庫甲板運到彈藥升降電梯，而後放置在彈藥艙內。這些彈藥艙位於母艦內部，以獲得最大的裝甲防護。

完成彈藥裝載後，「企業」號再次加速前出編隊，如果需要的話，可接近補給編隊的第三艘補給艦——常規物資補給艦實施補給。之所以說需要，是因為這樣的常規物資補給在兩或三次艦船補給中才進行1次，對於航空聯隊來說，

食品、牙膏、糖果等物資消耗得遠沒有彈藥和飛機燃料多。

實施燃料和彈藥補給時，艦長通常待在艦橋上，往往在舒適的扶手椅上打盹。按照慣例，艦長是唯一可以坐在艦橋上的人。除例行公事和報告情況，艦橋上值更的人是不歡迎其他人到艦橋上的。

作為艦長，我通常在夜間、霧期和低能見度的情況下實施導航。在白天補給，或者補給並肩航行後的白天和夜間，就讓資深的航海部長多鍛鍊一下，只有在天氣特別惡劣或補給編隊經常改變航向的情況下，艦長才要發揮作用。對於航母航海部長來說，這些經驗彌足珍貴，只有足以勝任這些工作，才具有成為航母艦長的資格。

四月二十七日凌晨零點三十七分最後一架飛機飛回補給編隊。我在四點離開艦橋上床睡覺，並一直美美地睡到上午八點半。航母艦長可到應急艙內就寢，這是一個設在艦橋尾部的小艙廂，配有內嵌的床鋪、桌子和簡單的廁所。航母艦長的房間位於艦橋下100英尺，是一個由客廳、辦公室、舒適的臥室和配套的衛生間組成的優雅套房。然而，航行時，艦長仍待在應急艙內。他不能遠離艦橋，因為他要立即處理甲板值更官發現的緊急情況。

四月十一日上午八點半，我躺在操艦室左舷的躺椅上，眺望飛行甲板。喝完一杯軍需官從咖啡屋端來的咖啡後，我享用了兩個雞蛋和全麥吐司的早餐。通常情況下，在艦橋吃過早餐後，艦長都會查看急件——那些夜間傳來的必須盡快回復的緊急通知。重要行動複印件通常會直接交與相關部長處理。然而，我必須親眼過目「企業」號收到的所有文件，以便對可能發生的事情作出合理的處置。

然後，我打電話到艦艇值班室，讓值班員召集文件處理涉及的相關人員：通信員、副艦長、通信官、艦長的菲律賓幹事、艦長勤務員以及相關人員。通信官說：「艦長，請閱讀第一份文件。」我帶著一些顫抖打開文件夾，心想是不是戰爭已結束，「企業」號可以提前回家了之類的事。恰恰相反，這是海軍部部長向全海軍下達的最高指示，標題是「一九六六年將官選取人員名單」。

在19名晉升將軍的上校人員中，最後一名是詹姆士‧L.霍洛韋三世。提前兩年晉升將軍，這讓我興奮不已。我獲得了在場所有人的祝賀，帆纜軍士們歡呼：艦橋上有一位將軍了。隨艦指揮的第77.7特混編隊司令米奇‧維森納少將也前來賀喜。米奇是我的老友，也是我最仰慕和敬重的人。

雖然收到這些祝賀我甚為欣喜，但同時我也對米奇表示了我的擔憂：雖升為將軍，但我不希望立刻就離開「企業」號，奔赴將軍崗位。作為海軍軍官選派處處長的米奇，輕鬆打消了我的憂慮。他說，首先，你在序列名單裡排名靠後，一年內不會有大變動。其次，兩年任期內沒有裡科弗將軍的允許，你是走不了的。

就在此時，飛行甲板上的警報突然響起，打斷了愉悅的談話和祝賀。司令、艦長、副艦長奔向艦橋的左翼，察看飛行甲板上出了什麼問題。原來在常規預飛測試中，2號彈射器在沒有飛機和載荷的情況下空彈，一名彈射器組人員被滑梭擊中並暈倒。當時他正站在飛行甲板彈射器軌道上。這位年輕的艦員立刻被旁邊的海軍醫護人員用擔架抬走，之後，從醫務艙傳來消息，他受到了強烈震盪，然而，由於有第一時間的治療，身體情況穩定，可不留後遺症快速恢復。

此刻，晉升的喜悅已悄然消散。我和副艦長陷入中午即將開始的飛行行動的繁忙事務中，並處理了需要艦艇輪機艙格外注意的幾份文件。身著按職能區分的顏色鮮豔的衣服的飛行甲板艦員為中午的飛行忙碌起來，伴隨著甲板升降機的嗡嗡聲，戰鬥機和轟炸機先後被拖到飛行甲板，以準備彈射起飛。「揚基」駐泊點又是一片新氣象。

兩年後，當我返回五角大樓並晉升為少將，擔任海軍作戰部部長辦公室打擊戰處處長時，負責航空兵的海軍作戰部副部長湯姆‧康納利告訴了我選取將官時的有趣故事。康納利是海軍航空兵的傑出代表，完成了海軍航空兵內一些有影響力的重要工作，包括髮展和製造F-14「雄貓」（Tomcat）飛機。據說「雄貓」因湯姆‧康納利的重要貢獻而得名。

一九六五年，我被選定為海軍將官前一年，康納利就已是將官選取委員會委員。康納利說，一九六五年我就被委員會選為將軍，單末尾也確實有我的名字。不過，康納利和我的幾個其他「朋友」認為我那年不晉升比較妥當。他們認為我一定會在下一年晉升。如果在一九六五年就讓我進入名單的話，我必定會在「企業」號部署到越南之前離任。由康納利為首的海軍飛行員選取委員會委員認為，讓我在「企業」號呆滿任期不論對於我還是海軍都是明智之舉。我告訴康納利對此安排我感到非常高興。

海上補給是航母在東京灣最具特色的行動。幾乎所有轉運的燃油、彈藥、食品、備件和盥洗用品都直接來自美國，途中未經遠東任何港口的轉載。雖然航母每次值班期間會駛入菲律賓蘇比克灣的海軍基地，主要進行船舶修理、戰損和無法使用的飛機卸載以及艦員的休整，但是99％以上的彈藥、船舶和飛機的燃油、食品和常規物資等後勤補給，都是在海上航行途中依靠後勤補給艦實施的。

航行補給的補給艦都是返回美國港口裝載物資的。彈藥船在美國加里福尼亞州康科特的彈藥庫裝載各種彈藥，然後將其轉運到東京灣。彈藥船一天內可對航母實施數次補給並持續一個月時間，直到其儲備不足。然後，它們到作戰前沿與同樣儲備不足的補給艦會合。在第七艦隊時間最長的補給艦會將剩餘的貨物轉移到其他補給艦上，然後返回到美國，實施另一次裝載。第七艦隊輪班的油船、雜貨船，以及直接從奧克蘭港運送加州農場新鮮蔬菜的常規物資補給艦的補給程序與彈藥船大致相同。

油船同時運輸航空燃油和非核艦船燃油。多數燃油都是直接從美國本土運輸而來，也有部分是先用商業油船運輸到太平洋地區的美國油料倉庫，如新加坡，再從油料倉庫轉運。

如果航母利用在港的3～4天進行彈藥和油料裝載，就需要將物資由菲律賓港運到倉庫，再從倉庫運到港口。因此海上補給節省了時間，顯著提高了補給效率。航母幾乎每天都要與補給編隊的補給艦實施一次補給。這種持續的補給

系統讓航母的油艙和彈艙基本不會儲備不足。持續的補給讓航母總能保持10天左右的油料和彈藥儲備量，因此即使後勤補給被破壞，航母也能在沒有伴隨後勤補給的情況下立即實施行動，不用再花時間進行裝載。

補給編隊還配備了貨物運輸飛機。這是一型有著艦尾鉤的、能在航母上使用的雙發運輸機，由反潛航母搭載的性能卓越的S2F「追蹤者」反潛飛機改造，能搭載12人或相應的常規物資，是空中運輸的首選平臺，能運送人員、輕型電子設備、替換的零件，以及來自美國的郵件。

由於航母補給已是家常便飯，艦員對這些操作早已熟能生巧。無論白天還是黑夜、海上風力達到5級或者能見度不到0.25英里，都可進行補給。我在職期間就遇到過濃霧瀰漫仍進行補給的情況，直到航母艦艏到達補給艦艦尾時，才能從「企業」號艦橋看清補給艦。

對於海上補給，艦長要熟悉到能在補給連接時，讓航母與補給艦包括變化航向、航速等所有機動都一致，不對補給編隊造成任何影響。這非常考驗艦長的操艦能力。首先，通常補給艦艦艏不能頂風，這就要經常改變航向；其次，由於補給編隊在航行中要經常改變航向規避蘇聯拖船，這就首先要求補給艦的陣位要位於補給中的航母的前方，避免行動中斷或減緩；再次，為保持在預定作戰區域，補給編隊經常會在不實施轉運時，進行180度的轉向。

航母在實施油料、彈藥和補給品轉運時，艦上的其他工作依然進行。日夜不停息的飛機操作就是其中之一。首先，要將其置於彈射位置；然後要發射，返回母艦後，又要重新部署進行下一次彈射；一天的飛行行動完成後，還要將其移到各自區域進行維修保養。損壞的飛機黑壓壓地停在飛機棚的末端。停在甲板飛機棚的需要調整和更換發動機的飛機將被移到艦尾，依靠艦艉鴨尾艄排氣管排出的尾氣將飛機發動機推到最大動力。

有飛行任務的12小時內，對空部門要合理運用好一天時間安排維修保養、飛機備飛、轉運彈艙的彈藥到甲板，以及給飛機裝彈的工作。考慮到要將1000～2000磅的炸彈配備、裝引信以及安裝到飛機上，並進行全面檢查確保不

出意外，這些工作並不輕鬆。

東京灣的航母按照這樣的時間階段行動：飛行行動12小時，補給行動6～8小時，6小時準備第二天的飛行，30天內天天如此。

第31天時，「企業」號離開東京灣進港6天，通常到菲律賓的蘇比克灣。每次巡航，航母都會抵達香港，作為對艦員的犒勞。「企業」號艦員上岸自由行動時的模範行為再次受到讚譽。直到一九六六年七月返回舊金山新太平洋艦隊的母港前，一九六五～一九六六年之間，「企業」號共進行了5次各為期30天的海上巡航行動，其間只有一次沒有到蘇比克灣進行休整。

特權

一九六六年五月，「企業」號在東京灣為期8個月的部署已度過6個月。除非遇到需要所有航母都參與值班的危急情況，否則每艘航母每隔一個月都會按計畫離開「揚基」駐泊點，駛入港口。航渡花一天時間，在蘇比克灣航母專用的「阿拉瓦」碼頭和海軍航空站「酷比點」待上5天，然後再花一天時間返回東京灣。所以航母戰鬥值班30天後，前後需要花7天時間到碼頭休整，扣除航渡時間，7天中有5天是專門的維修保養時間。對於辛勞的艦員和飛行員來說，這點休整時間微不足道，但他們對此非常滿足，並滿懷希望能脫離日常海上事務上岸喝上一兩杯啤酒。

一九六六年五月，航母作戰程序正常。第9天時，航母艦載機飛行行動從上午九點到晚上九點，然後接受「繪架星座」號（AF-54）補給艦的物資補給。第10天，飛行從上午十點到晚上十點，然後接受「火焰」號（AE-24）彈藥船的彈藥補給。第11天是星期三，飛行從上午十一點到晚上十一點，午夜時接受「卡維琪維」號油船航空燃油補給，然後停靠「火星」號常規物資補給艦（AFS-1）補給常規物資。

五月十二日上午，「企業」號用高架纜索對編隊的兩艘驅逐艦實施補給，

並在上午十一點到夜間十一點實施打擊行動。第13天上午程序大致相同，空中行動從上午九點持續到晚上九點，晚上十一點橫靠「馬扎馬」補給艦裝載彈藥。

第14天，最早轟炸河內目標的飛機於八點四十五分起飛，艦載機打擊行動一直持續到晚上八點，最後一架飛機返艦後，「企業」號就全速與「卡維琪維」號會合，補給航空燃油。第15天凌晨四點裝滿航空燃油後，「企業」號完成30天的戰鬥行動駛往蘇比克灣。「企業」號預計於五月一六～十九日在蘇比克灣進行4天的維修保養，二〇～二十一日到馬尼拉「顯示存在」，並於二十二日離開馬尼拉奔赴作戰陣位，二十三日星期一上午十點準時開始飛行行動。

艦員都一直期待著這個假期：40～60名艦員擠在一個艙室，舖位多達4層，他們所有的個人物資都放在像高中生櫃子那樣大的櫥櫃內。他們需要排隊洗澡、排隊洗漱、排隊吃飯。16～18小時的工作時間內沒有酒精來放鬆神經，因為海軍艦船上規定除藥用酒精外，艦上不得有任何酒精。自然，在這個「男性世界」裡也沒有女人來調節氣氛，因此，岸上短暫的自由非常關鍵。

離開「卡維琪維」號後，「企業」號就收到位於菲律賓的艦隊氣象中心的颱風預警。位於南部的颱風「厄瑪」來勢洶洶，十六日將抵達蘇比克灣附近，而這天正是「企業」號駛入蘇比克灣的時間。

所以，「企業」號計畫等颱風過後，於17或十八日再駛入蘇比克灣，取消訪問馬尼拉的部分，為艦船和位於「酷比點」海軍航空站的飛行聯隊騰出這寶貴的維修保養時間，並直接靠碼頭實施飛機和其他裝備的裝卸載。第七艦隊同意了這個方案，但大自然顯然不認同。

「厄瑪」沒有經過菲律賓並向北轉移，反而緩慢地移動到了「企業」號和菲律賓之間，這樣「企業」號既沒法趕往馬尼拉，也沒法駛往蘇比克灣。因此「企業」號作出了所有艦艇在躲避颱風時都會採取的行動：至少避開颱風風眼200英里機動，尤其是避開颱風東北象限。艦員無時無刻不詛咒這倒霉的天氣。

每隔4小時航海部長都會獲得「厄瑪」的最新位置以及風眼的動向。讓所

有人更爲沮喪的是，颱風「厄瑪」居然推著「企業」號又逐漸靠近東京灣。最終，五月二十日，颱風轉向大陸，蘇比克灣的大門終於向我們敞開了。

第七艦隊司令指示「企業」號以最快速度於二十一日抵達蘇比克灣，卸下戰損飛機，並於當天下午六點趕往「酷比點」海軍航空站，連夜裝載補充的新飛機。上岸的自由行動時間頓時成爲泡影。

五月二十一日黎明「企業」號抵達蘇比克灣時，天氣尚好，天空蔚藍，微風徐徐。拖船早已在等待協助航母，於六點半抵達「阿拉瓦」碼頭。我站在艦橋右舷觀看艦員將系泊繩索扔上碼頭時，副艦長薩姆・琳達來到我旁邊。

薩姆是海軍軍官學校的優等生，三個月前還是艦長皮特・彼得斯的副艦長。他完成飛行訓練後，在加州理工大學先後獲得了核子物理學的碩士及博士學位。隨後被裡科弗將軍欽定爲「企業」號的副艦長。他上航母工作之前，就已提前一年晉升上校。除核子物理博士的頭銜外，薩姆還是艦長的得力干將，也深得艦員愛戴。

由於來之不易的5天上岸維修保養時間就這樣化爲烏有了，艦員中瀰漫著悲傷和浮躁的氣氛，作爲一名恪盡職守的副艦長，薩姆建議我准許軍官和軍士長上岸吃午餐，也讓一些表現好的上士和中士能上岸離開一小時。因爲當天下午六點離港後，任何人就都不許離開母艦了。

我考慮過後說，「我認爲我們可以給一半的艦員自由活動時間，二部和四部可在上午九點到下午五點上岸活動，一部和三部留下來值班。」

像其他可靠而負責任的副艦長一樣，薩姆退後一步，大吃一驚，說：「你開玩笑吧，艦長，二部門和四部門可是一半的艦員，足有3000人，他們一旦上了岸，我們可就管不了他們喝酒的事了，他們肯定會去喝酒，而且有一些還會因此錯過航行時間。」

我反駁說：「沒錯，薩姆。這正是我讓他們上岸的原因，他們是該喝醉一下了。他們累得筋疲力盡，我們理應盡量讓他們休息一下。坦白地說，我相信他們，而且就算我們給一半艦員充分的自由，『企業』號還是能毫無問題地

起航。」我回憶起在古巴關塔那摩灣適航訓練時，艦隊訓練組就要求我們在只有兩個部門艦員的情況下實施航行，來模擬航母在自由休整時間，基地遭受動亂或航母出現核事故，需要航母快速轉移至安全海域的情況。航行中最困難的部分是要有優秀的反應堆操作員和工程人員來安全地運作反應堆推進設備。那時我感覺這個演習很可笑，質疑是否僅用兩個職能部門的人員就能操作航母航行。但這是演習，我們不能講條件，只能按命令去完成適航訓練，結果並非如想像中困難。現在距離適航已經過了近一年，「企業」號的艦員應該更能精於操作才是。我更堅信反應堆部門的工程人員歷經多次訓練，更加能勝任核運轉的監督和管理工作。

接下來我概括了一下那些能享受自由的艦員的情況。二部和四部能上岸自由活動，下午五點之前歸艦。這些時間能讓他們去購物、到蘇比克基地運動一下，或者直接前往奧隆阿波24小時營業的酒吧之類的娛樂場所放鬆一下。這段時期內的執勤軍士是足夠的，足夠分佈滿各個艙室，在人員相對寬鬆的情況下他們可以洗洗澡、洗洗衣服，或者上床休息。但是二部和四部的艦員回來後，直到午夜航行中第一次值更前不得離開各自艙室。這樣他們就能休息一下，睡睡覺或者饕餮一頓夜宵，開始新的一天。我叫來帆纜軍士的助手說：「軍士，傳我的命令給所有人，二部和四部人員上午九點到下午五點可上岸自由活動。」

值更的帆纜軍士是一個有二十年軍齡的上士，他聽後不知所措地站在那兒。我重申了一遍指令，並簡要說明了自由活動的原因。軍士敬了個禮，走到艦橋的廣播系統，按下「全體艦員」按鍵，推下啟動桿，打開帆纜軍士廣播，通知：「所有艦員注意。」

當所有值更帆纜軍士回應後，他以一種激動的聲音通知：「請注意收聽，請注意收聽，二部和四部所有艦員上午九點到下午五點可上岸自由活動。」接著他又重複了一遍消息。擴音器嚓嚓作響後，整艦大約有5秒鐘的時間一片寂靜，只有通常都有的高音喇叭的嘟嘟聲、錘子敲擊的梆梆聲、艦艇航行時過道

的吱吱聲。

當艦員們意識到能有一半人員可上岸自由活動時，巨大的歡呼聲突然爆發出來，這遠超出了他們的期待值。仍然留下來值班的一部和三部的人員也十分樂意。出於對他們巨大的信任，也出於艦員的素質，他們毫無抱怨，只是欣喜地同可以離開這個「鐵女士」8小時的隊友們一同慶祝。

下午四點半，我和薩姆・琳達站在「阿拉瓦」港口旁艦橋右舷俯視通往「企業」號主門的道路。然而，視野所及無一艦員。此刻自由人員還在岸上活動，因為他們穿著白色軍裝、戴著大簷帽、繫著黑色的頸巾，活像一群羚羊，很容易同穿著藍色粗布衣服的基地士兵和工作人員區分開。下午四點四十五分，突然襲來一陣熱帶風暴，整個基地下起了瓢潑大雨。

突然雨中奔來一群人，他們擠滿了整條道路，以最快速度跑向航母。五點差十分時，自由活動人員已到達跳板，蜂擁著通過舷梯上艦。五點差兩分時，最後一批人員，醉醺醺地，但準時地回來了。他們看起來糟透了，白色的軍裝被雨水徹底浸濕了，上面還沾滿了泥巴。唯一奇妙的是，他們臉上都洋溢著幸福的笑容。

後甲板人員報告甲板值班軍官，所有人員都通過裝有安全十字轉門的主門。他們都是卡著最後的15分鐘回來的，要不肯定不會淋上這場暴雨。然而，沒有一人在五點之後歸艦，五點十五分點名後，報告3000多名上岸人員全部歸艦，無一人遲到，無一人落艦。

下午五點半，基地8艘拖船抵達，將拖繩拴在「企業」號左舷。已系泊的軍火船船員，站在碼頭，正聽令隨時準備解開航母系船柱上的繫繩。

下午五點五十五分，「企業」號所有系統測試完畢，當艦橋時鐘的秒針通過六點整時，最後一根繫繩被解開，隨著一聲長鳴的汽笛聲，「企業」號駛往東京灣，重回戰爭中。

當晚十一點四十五分，「企業」號小心翼翼地避開艦隊的小型漁船，在一片漆黑中，駛往東京灣和「揚基」駐泊點。負責操艦、輪機艙電報、雷達操作

和通信的下半夜值更到凌晨四點的艦員們到艦橋邊值班邊閒聊，談論著他們是多麼享受這意想不到的自由時間。他們度過了一段愉悅時光，同時一部和二部的戰友也為他們感到高興。

我們的決斷是正確的，不僅給了艦員們應得的自由時間，而且顯示出了對他們完全的信任。在標準操作程序下，我充分認為給予自由時間是安全的，並作了這個決定。

「企業」號艦員的士氣一直都很高漲。這類事情充分顯示了指揮員要對艦員關心，甚至願意為給艦員贏得應得的休息時間，破例讓步或遭受批評。這樣才能使艦員相信他們的艦是最好的艦，他們也會不遺餘力地為之努力。

「企業」號順利完成任務後，第七艦隊司令J.J.海蘭德中將發來通報，祝賀「企業」號順利完成一九六六年30天的海上巡航。他說：「非常好。『企業』號首次值班巡航的出色表現，給我留下很深的印象。截至四月二十六日，你艦共完成104次突擊行動，其中有100次是針對越南民主共和國的突擊行動。這無疑顯示出你艦出色的訓練水平、認真的工作態度、卓越的計畫能力以及良好的協作精神。這些成績的取得，不僅是核動力航母的優勢，更是積極工作的艦員們團結協作的結果。」

只有在美國海軍才會有6000多名20歲左右的小伙子到這艘史上最大、最精密的、具有8個核反應堆和98架世界上最先進的飛機的艦艇上服役，這6個月內的戰鬥紀錄至今無人能破。

第12章

「企業」號：快速轉變

一九六六年六月末，「企業」號從越南返回舊金山時如英雄凱旋。那時「企業」號已聲名顯赫：它是世界上最大的艦艇，獨一無二的核動力航母，擁有的8個反應堆讓其時速超過40英里。當時絕大部分美國人都支持戰爭並相信美國能取勝。舊金山灣區將「企業」號歸來那天宣布爲「『企業』號日」，並且當天所有肩章上有「企業」號標誌的士兵都能在舊金山大部分酒吧免費飲酒。四處洋溢著濃濃的愛國情結。一九六六年六月二十一日舊金山灣3家主流報紙都在頭版頭條刊登了「企業」號從越南返回新港——阿拉米達海軍航空站的消息。在國家正愁找不到確切的英雄角色時，「企業」號應運而生。

《奧克蘭導報》頭版以1英寸的大字標題「『企業』號歸來」進行報道，文中指出：「今天這位國家最強大的女士從戰爭中歸來，在萬眾歡呼聲中由核動力驅動穿過金門大橋。」《舊金山觀察家報》頭版以「熱烈祝賀航母歸來」爲題，指出：「在約翰‧F.謝利少校指揮下，『企業』號率由40多條小艇組成的編隊穿過金門大橋，編隊中包括帆船、快艇和灑著水花的救火船。」

《舊金山新聞報》也在頭版刊登了「企業」號的照片，並用了1英寸的大字標題——「『企業』號的歸來讓馬林縣交通堵塞」。文章報道：「爲了一覽『企業』號風采，不僅金門大橋的人行道上擠滿了2000名圍觀的人，而且從金門大橋到聖拉斐大橋的101高速路上擠滿人群，大橋上所有停車區全部停滿，停不下的擠在了浦西迪，但此地很快又被占滿。儘管如此，奇怪的是沒有發生

交通事故的報道，因爲人們都開得很慢，翹首以盼。」《奧克蘭導報》這樣總結：「世界上最大的艦艇——『企業』號完成了她的使命，配得上舊金山灣爲她舉行這樣盛大的歡迎儀式，類似的儀式只有二戰中傷痕纍纍的『舊金山』號巡洋艦得到過。」隨後《生活》雜誌也刊登了「企業」號歸來的文章，雜誌的封面用了「企業」號的照片，文章同樣對比了二戰時人群歡迎美國海軍英雄戰艦凱旋的情況。

一切都讓人熱血沸騰。當「企業」號停靠阿拉米達港口時，我看到了盼我歸來的妻子戴布尼和兩個孩子，旁邊還站著裡科弗將軍。第一個舷側門一打開，裡科弗就第一個快速上艦，一個軍士長攔住了他並讓戴布尼先上了艦。他知道先後順序，至少他知道這些是艦長的家屬。奇怪的是，裡科弗並未因此焦躁不安，因爲此時他正爲「企業」號的成功巡航而歡欣鼓舞。作爲首艘參加戰鬥的核動力航母，「企業」號的戰鬥經歷引發了媒體的持續關注，而且報道普遍都是正面的。裡科弗認爲核推進戰術優勢的顯現對於他一直提議的艦隊核動力航母工程將有巨大的推動作用。他也許是對的。

戴布尼被帶到艦橋時，我還在忙著艦艇系泊。一個擁抱和熱吻後，她說：「你很忙，我最好離開一會兒。」我回答：「那你去我的艙裡待一會兒，我弄完去找你。」和戴布尼一起來的裡科弗將軍還沉浸在航母回國的激動中，他向我表示祝賀後就立即詢問反應堆運轉情況。他說海軍反應堆處的參謀們曾通過衛星電話指導艦上反應堆部門的人員維修了7號反應堆並取得成功，強調沒有一家機構有能力完成這項壯舉。我同意他的說法，並說：「將軍，我正忙著艦艇系泊，此刻真的沒法跟你討論這麼多了。」

裡科弗說：「好的，我來安排一下，你選家好的餐廳，今晚我們一起去吃牛排，我們坐在那，邊享受牛排邊暢聊整次巡航。」當時我臉色肯定不太好看了，裡科弗的首席助手，經常隨同他出差的戴夫・萊頓大聲說：「裡科弗將軍，你瘋了嗎？霍洛韋跟他的妻子和家人分開8個月了，他肯定不想和你暢聊，只想見他的家人。」裡科弗回答：「我肯定霍洛韋想跟我聊聊反應堆的運轉情

況。」戴夫・萊頓對裡科弗說：「跟我走吧！」裡科弗只好不再糾纏，跟他一起走了。我邀請裡科弗第二天一早在艦長艙共進早餐。雖然裡科弗要趕上午九點半的飛機回華盛頓，但他還是來了。早餐氣氛愉悅，裡科弗仍然沉浸在航母回國的儀式和各家媒體對他的「企業」號航母讚譽的喜悅當中。

再說一下裡科弗核動力水面艦艇的助手戴夫・萊頓吧！我和他在工作上聯繫緊密，在和裡科弗工作往來時期我非常信任他，後面我任海軍作戰部部長時還就核項目徵求過他的私人意見。他是個聰明、睿智的工程師，並且非常忠誠。就算有時裡科弗對他大發雷霆，不同意他的意見，對他說：「這是我聽到的最愚蠢的事情，我真的沒法形容你的愚蠢，你根本沒按我說的做。」他也會站在那裡，聽裡科弗說完，接著像啥事兒都沒有一樣繼續他的談話。只要戴夫解釋清楚，裡科弗的怒火最終會平息，然後同意萊頓的建議。他非常有耐心而且很能體諒裡科弗。我想他必定知道這些怒火是裡科弗在考驗他，讓萊頓堅持不放棄。

回國的喜悅過了大約72小時後，戰士們又得回到「企業」號上工作。艦艇是一個小型的社區，是4000名戰士的家，而且還必須這樣運行下去，因為艦艇必定不是一個可以讓所有人回家和家人團聚的地方。

從六月二十四日開始，一半的船員有20天的假期，剩餘的人員負責「企業」號衛生清理之類的事情。等七月十五日第一批人員休假歸來，第二批人員就可以離開，休3周的假。留在艦上不休假的人員從上午八點一直工作到下午五點，每隔4天值一次24小時的更，為戰時的人員安全持續提供保障。此時核反應堆已經關閉，航母上的電力由自己的柴油發動機組提供。如果「企業」號由岸上商業供電，那麼阿拉米達市肯定會停電。

雖然工作量減輕，只要一半的艦員不用過度勞累就能完成，但仍需要完成一些關鍵性工作。此時有近25%的人員由於服役期滿調任，或完成出海勤務調往岸勤部隊兩年。同時，也會有人從岸勤部隊調到艦艇上補充這25%的人員空缺，開始他們三年的海上巡航生活。同時還要處理航母上1500人的日常管理

事務，即便靠了碼頭還是得爲其提供一日三餐、熱水、生活用電，以及一切生活必需品，盡量使其在艦上生活舒適。艦上有不到30%的已婚人員在駐地有家屬，而對於那些沒有成家的戰士和尉級軍官來說，「企業」號就是他們的家，對他們的服務保障要立足現有條件盡量完善。

靠港這段時期，要處理這些雜事和活動一直到十一月，不到6個月，「企業」號又將離開美國開始至少爲期7個月的海上巡航，到東京灣開展軍事行動。因此七月航母就得爲下一次部署作準備。在這5個月裡，每星期都要合理安排時間對補充的新艦員進行戰前訓練，爲艦載機上艦作準備，儲備物資，安裝新設備，裝載燃油和彈藥。裝備上艦時，還要做很多的修理和調整工作。科技發展日新月異，靠港的5個月就是安裝最新的雷達和新的飛機測試裝備、對核設備進行升級和安全改造、訓練艦員使用和維護新裝備的最好時機。

首要任務就是將「企業」號駛入干船塢，這樣才能清洗和重漆艦底，完成航母艦身所有吃水線以下的工作，所以航母要按計畫駛入舊金山亨特斯角海軍船廠的干船塢。但由於此時航母的核反應堆設備已經關閉，所以只能「冷鐵」移動（海軍形容艦船自身沒有動力，只能完全靠外力拖拉的術語）。另外，當在阿拉米達港拔出其柴油發電機組的電力供給設備後，「企業」號只能依靠安裝在艦上的應急柴油發電機進行供電，並只能提供正常負載30%的電力。

表面上我在休假，但是「企業」號從阿拉米達運往亨特斯角時，我又回到艦橋。根據海軍規章，因爲動力完全由海軍港口的文職領航員控制的海軍的拖船提供，所以艦長無須對類似「冷鐵」移動時的艦艇安全負責。然而按照慣例，只要「企業」號沒有安全停泊，我都應該待在艦橋。拖艦那天，領航員到母艦報到，共有10艘拖船輔助拖拉。4艘大型強動力遠洋拖船將母艦拖過海灣，6艘「入塢式」小拖船小心翼翼地一點點將母艦拖過船塢底梁框，不讓1000英尺長的母艦在1200英尺長的船塢中翹起來了。不巧的是拖艦那天，風力達到20節，有時陣風達到25節，對於舊金山灣來說這種風力算是比較大的。這種情況對於整個行動尤其不利。基於安全第一的原則，領航員試了6次，精確地機動著

拖船，才將「企業」號艦艏越過船塢底梁框，讓其在艦身不接觸船塢壁的情況下滑進船塢。在那種天氣情況下，主要問題就是拖船的動力不足，並且當天整個舊金山灣都沒有其他的拖船。拖船中只有6艘是屬於美國海軍的，其他的都是從當地的牽引公司租借的。

「企業」號被拖往亨特斯角時，4000名艦員是隨艦行動的。「企業」號將被放在亨特斯角海軍船廠的船塢中大約6個星期。這段時期會相應地安排艦員到學校或培訓班學習損管、武器及核武器操作，並且送他們到「企業」號加裝新裝備的特殊培訓班學習。其中很多課程，如損管和武器操作都是所有艦員必修的。被分為50人一組的士兵們在當地的培訓基地學習3天，而在警戒崗位上的火控和損管人員則要求進行兩星期的學習。這些培訓當然也包括教授士兵艦上職責和特殊技能培訓，比如飛行甲板上航母彈射器的操作，或者作戰情報中心搜索雷達的控制。因為反應堆冷卻時是充分接近反應堆的唯一時機，特訓的反應堆技術員在反應堆冷卻後要做大量的工作。這些工作既耗時又要求嚴格，因此這些技術員各個身懷絕技。

九月，造船廠的工作弄完後，8個核反應堆也恢復到工作狀態，「企業」號就可以依靠自身動力回到阿拉米達海軍航空站的專用碼頭了。在穿過舊金山灣從舊金山到達奧克蘭的45分鐘航程中，航母搭乘了數百名首次踏上美國軍艦的士兵。八月的最後一星期，因為在船廠總是有很多氧乙炔切割和焊接的工作會弄髒航母，所以要對「企業」號進行徹底清理。此時後休假的一批人也都回來了，大家忙著安裝新設備，整修舊設備，以及到委託訓練的學校學習。

「企業」號必須非常乾淨，漆得嶄新，並且十分整潔，因為作為唯一的一艘核動力航母，「企業」號上經常會有來自當地的訪客，或裡科弗為了證明他的工程和反應堆部門完全合格，並且為部署十月原子能委員的檢查作準備，從華盛頓請來的多批訪客。裡科弗也因此和我多次共進早餐或午餐。他顯然已經懂得對介入一個艦上軍官的家庭生活保持克制，他經常情緒愉悅，上艦時總是很興奮，雖然當他徹底檢查覈部位看到讓他不滿意的事情時，也會提高聲

調，嘟嘟囔囔幾句。儘管再微小的不如意也逃不過裡科弗的眼睛，但這種情況並不時常發生。上艦參觀的還有專業的籃球表演隊——哈勒姆環球隊（Harlem Globetrotters），他們在飛機棚展示了出色的控球技術和滑稽籃球表演，以精湛的球技贏得了船員們的歡呼和喝彩，並且和士兵們一起共進了午餐。

國務院也經常帶外國政要上艦參觀，我想是為了將他們弄出華盛頓，省掉不必要的麻煩吧！他們參觀完「企業」號一般都會被安排在軍官飯堂吃一頓正式的午餐，吃的都是美式食品，餐後提供草莓脆餅。從海外來的參觀者似乎最喜歡這種食物。一九六六年還有兩名儀態端莊的加州小姐候選人上艦參觀，並和士兵們以航母的特色島狀上層建築為背景拍照合影。在駐港快結束時，70多名著名的具有濃郁舊金山歷史文化特色的波西米亞俱樂部（Bohemian Club）成員訪問了航母。我們在軍官休息室招待他們共進午餐。作為回請，他們也在貴族山酒店富麗堂皇的波西米亞俱樂部大廳宴請了艦上的大多數人。

除了艦上的日常職責，我還忙著招待形形色色的參觀「企業」號的來訪者。我的工作包括從市長那接收譯本到對當地俱樂部居民發表午餐演說等所有大小事務。一次偶然的機會，我還前往位於伯克利的加州大學，在加州大學波克利分校校園裡的海軍後備役軍官訓練團大樓的尼米茲圖書館，向二戰時的英雄、已故的尼米茲將軍的遺孀贈送了「企業」號的模型。

返回大海

九月中旬，「企業」號回到海上進行為期兩天的「獨立汽蒸演習」，兩天內要對火力操演、損管和甲板飛機控制進行訓練。演習第一天上午，一架F-4「鬼怪」II戰機上艦。新艦員的任務就是將其放置好，塞上塞塊並固定好它，並學習如何機動和防護飛機。看到新艦員對這架「鬼怪」II戰機表現出的敬畏之情讓我感覺很有意思，他們完全不知道一個月內會有80架這樣的飛機上艦。

在這兩天內，還會為來自西海岸機場的飛行員騰出甲板進行一個為期三天

的複習著艦進修訓練；我們自己的飛行員中，那些新加入F-4「鬼怪」中隊、A-6「入侵者」中隊、A-4「天鷹」中隊的人員也會一道進行著艦資格訓練。要獲得初級資格，飛行員必須較好地完成6次白天著艦和2次夜晚著艦。這些夜晚著艦訓練起初都很可怕，並且非常不容易完成，但是在越南民主共和國大多數任務都是在夜晚執行的。

接著「企業」號回港一星期，大部分時間都是在總結「獨立蒸汽演習」訓練中暴露出的不足，進行人員調整，以便更好地發揮出他們的能力。雖然有些甲板人員出現的是非人為的意外事件，但是出於保護他們和其他人生命安全的目的，還是要將其調離崗位。

十月的第一個星期，「企業」號回到海上參加第三艦隊的訓練。艦員們開始逐漸被召集到一起，看起來像要準時進行作戰部署準備。第三艦隊的基地在聖地牙哥，屬於西海岸的訓練艦隊，通過多艦艇混合編隊訓練為第77特混編隊提供訓練成型的單艦。雖然第三艦隊訓練的這些艦船主要是為驅逐艦大隊、巡洋艦大隊或兩棲戒備大隊準備的，但是同樣也會為航母編隊提供成型艦船。那是因為不管是水面艦艇還是兩棲作戰力量參加的所有海軍戰鬥行動，都需要航母及其艦載機的配合，並且戰術航空兵都是其重要的組成部分。

一九六六年十月中旬，「企業」號再次出海，到聖地牙哥海岸和第三艦隊一起進行為期兩天的「獨立蒸汽演習」。「企業」號獲得原子能委員會的特別批准到聖地牙哥灣潮水可以沖走核裂變產物的指定訓練位置，以免給母艦帶來不必要的麻煩。將核裂變產物釋放到周邊的空氣或海洋中是有具體規定的。核動力艦艇首要考慮的就是要避免發生事故。如果發生類似三里島核事故的巨大事件，海軍核動力發展前景將一片慘淡。即便一定量的核輻射洩漏也會引發公眾對核動力艦艇對生態環境和公眾健康影響的懷疑。因此只要「企業」號在港，就會有反對使用核武器的激進分子，駕駛著插著綠旗的小船，24小時圍在「企業」號旁邊，從周邊水域抽取水樣品，尤其是艦上排放的冷卻的廢水和沖洗用的水。然而這些激進分子從我們周邊環境的背景輻射中未

能發現一絲的輻射。

美國海軍從來沒有發生過一起核事故，即便是微小的從周邊環境中檢測出輻射量的核事故都沒有。這當然要歸功於裡科弗及他的團隊的嚴格監督。以下事例說明了裡科弗的團隊對美國海軍反應堆核輻射的有效控制。一九六七年「企業」號停靠香港港口時，按照我們常規操作規程，經檢測當地周邊環境的核輻射量，即甲板周邊的背景輻射量比反應堆工作時反應堆艙的實際輻射量還要高。

「企業」號和太平洋訓練大隊在聖地牙哥一起進行的訓練，跟「企業」號適航階段在關塔那摩灣海軍航空站訓練模式相似。在聖地牙哥的訓練大隊的主要任務是評估那些將要到東南亞作戰的艦艇的戰備情況。而「揚基」航空站將是其作戰的假想目標。

「企業」號從阿拉米達轉場到聖地牙哥時，艦載機聯隊就上艦了。依舊是第九艦載機聯隊，只不過編組方式有些不同。該聯隊包括各由14架F-4B「鬼怪」II組成的2個戰鬥機中隊，14架A-4C「天鷹」和9架A-6A「入侵者」（一型由「企業」號搭載的輕型飛機）組成的2個輕型攻擊機中隊，5架RA-5C「民團團員」組成的1個偵察中隊，4架E-2A「鷹眼」組成的空中戰鬥情報中心（在先前巡航的基礎上性能極大提升），另外還有3架A-3B「空中勇士」加油機，1個UH-2「海妖」直升機分隊，共有3000人，90架飛機。這些艦載機來自不同的基地：戰鬥機來自南加州密拉瑪海軍航空站；A-4攻擊機來自北加州勒莫爾海軍航空站；A-6攻擊機來自華盛頓州惠德貝島海軍航空站；RA-5C來自佛羅里達州奧倫多海軍航空站。一些飛機就停在阿拉米達海軍航空站，依靠自身動力飛到航母碼頭，再由航母起重機將其吊到航母上。而一半的飛機是在母艦出海後由岸上直接飛到海上著艦的。各個不同中隊的維護和操作人員組成3000人的大軍，由海軍後備隊運輸中隊搭載湧入阿拉米達海軍航空站，帶著他們的行李箱到「企業」號指定的住艙鋪位休整。

在加里福尼亞州以西海域的3天裡，「企業」號要進行戰備評估，為實際的

戰備檢查熱身。艦員在一級戰備狀態下操演，在各自飛行崗位實施空中行動，模擬到越南後的飛行日程。艦員還進行戰鬥損傷模擬演習，例如甲板飛機棚著火、水下魚雷爆炸等，進行從戰鬥損傷到自身事故的各種傷亡模擬，以鍛鍊傷亡後的恢復能力。

星期五上午戰備評估結束，「企業」號返回聖地牙哥灣北島的航母的專門碼頭停泊。主檢查員，一個主要負責評估兩艘大甲板航母分隊的少將告訴我，我們的艦做得很好，但有兩個地方有待改進：通信部門和戰術情報中心。評估小組對這兩個部門的評級都不太令人滿意。因為星期二正式的戰備檢查組人員將至少利用3天對航母的海上行動進行檢查，因此「企業」號要利用星期五下午、整個週末以及星期一，迅速調整戰備評估檢查小組指出的不足之處。

作為艦長，我有自己的管理領導原則，那就是「用心指揮」。這個原則是從我父親那裡傳承下來的，要求不管做什麼事，艦長都要全力以赴地糾正他單位的問題。首先是承認問題所在，其次是進行校正部署，最後是親力親為地監督這些校正工作的開展。我認為在指揮部內艦長是最具經驗的指揮官，要展示出極佳的判斷力，否則他就不配做艦長。在首次巡航過印度洋時，我和副艦長就解決了4個A-4飛機中隊甲板操作的困境。在9天的飛行行動中，對空指揮部那些中校、少校的甲板操作官們，全都不能設計出一種飛行甲板運作模式，以便使得甲板上滿載荷的彈射時間降低到規定的45分鐘之內。

我無法接受「企業」號的戰鬥部署存在任何不盡人意之處，即便戰術情報中心在評估中已經勉強合格。戰術情報中心是一艘艦指揮控制系統的中樞，通過這個部門，艦長和他上級將官的命令才能付諸實施，從而指揮航母和控制艦載機聯隊行動。

星期一上午，「企業」號正清理聖地牙哥港外的水道浮標時，突然轉入一級戰備，讓艦員都回到各自戰位。我們將以30節的速度駛往行動海區搭載艦載機聯隊，開展戰損和航母操艦評估，為戰備檢查作準備。

航母轉入一級戰備，艦載機聯隊轉入飛行戰備狀態後，我將航母掌舵的

任務交給領航員，通過上次的部署，我對他比較有信心。我相信他至少不會發生碰撞或造成擱淺。我讓副艦長去負責通信部門，他到通信中心後就找出了固有的問題所在。此時的難點是行政管理和處理隨艦將軍及其參謀人員的普通文電。我料想隨艦的將軍感到依靠硬拷貝是無法將文電通信及時地送達到他那裡的。如果是這樣，也比較容易調整，只要多派幾個機靈點的戰士或者是尉級軍官協助將文電通信送達指揮艦橋就行。同時我趕到另一個評估中不盡人意的地方——戰術情報中心。一到那兒，存在的問題就立即顯現出來，這些讓檢查員煩心的問題，同樣也給我留下惡劣印象。

　　戰術情報中心裝有空調，因為在這種涼爽、乾燥的環境中電子設備才能正常高效地運行，而讓人員感到舒適還是次要的。但正因為艦上有空調的地方不多，戰術情報中心的士兵才將中心當成了生活場所。顯示板和操作控制臺後所有的地方，散亂地放著戰術情報中心工作士兵的私人物品。主要是那些未婚的、岸上沒有住所的士兵出海時將他們的私人物品放置在此。這個「儲物室」內還有很多「企業」號在訪問東方的一些港口時，士兵們從海軍服務社和雜貨鋪中淘來的商品：電吉他、擴音器、大型錄音機、和服以及機械玩具，所有東西的包裝都還沒拆。也是因為有空調的原因，下了崗的軍士也喜歡光顧戰術情報中心。他們聚在咖啡室周圍，在控制臺、顯示板和其他設備後的小房間和各個角落裡打著瞌睡。這樣無論是我還是到戰術情報中心的評估員都無法看出誰在值班，誰具體負責雷達操作和有機玻璃板上的標圖更新。當我質問戰術情報中心軍官為何會有這麼多左手拿香煙、右手拿咖啡的軍士游手好閒地竄來竄去時，他回答我政策規定由無級別見習兵負責操作設備、飛機狀況布告板以及通信。這些軍士充當的是監督者的職能。如果有問題，無級別見習兵無法處置，這些軍士就會出來取代他的位置。我解釋這並不是在戰術情報中心安排軍士和見習兵職位的初衷。

　　看來有3個問題有待解決。第一要清除工作區域所有的私人用品；第二，這些監督者們都應回到實際的設備崗位，而不是站在那裡等有了問題才去解決；

第三，減少那些不值班的拿著咖啡杯亂竄的人員。戰術情報中心存在的問題顯而易見，解決起來也並不複雜。

我找來值勤軍士長，告訴他在水線下找一間沒有用的空艙室。在艦體水線下設置了很多不用的空艙室，將其設置爲一個個密封的小隔間的目的是在發生碰撞或戰損的情況下，減少從水線下的漏洞中湧入的海水量。這些小隔間都在主甲板下很深的位置，但是用來儲存那些平時不常用的物品確實是很方便的，這正合我意。船員們在海外購買的那些東西可以暫時儲存在這些艙室內，回母港後再還給他們。艙門上有一把結實的雙鐵扣鎖，由艦上的補給官負責這些船員物品的保管和安全，承擔責任並負責取放。補給官立即承擔了這個責任，並使本艦的船員私人物品儲存體系成爲太平洋艦隊的榜樣。

1名補給隊的上尉和1名上士助手負責管理儲存室，對所儲存物品的丟失或損壞承擔責任。尉級軍官和戰士的生活區床鋪的隱蔽角落裡只能放他們的個人內務和從亞洲商人那淘來的小東西。

新的儲存室安裝了鐵鎖，並安全地鎖好了門，當晚八點記錄有所有物品的登記本也放置完畢。午夜時候，除了海軍艦船局規定可存放的物品外，戰術情報中心內所有物品和設備都清理一空。接下來就是要建立一種嚴格的制度以確保在一級戰備和飛行戰備時，戰術情報中心的軍士要坐在雷達顯示臺前更新數據顯示板和情況顯示標圖。他們必須坐在那裡輔助見習兵。一級戰備時關閉咖啡室。航行時，只有值更的人允許使用咖啡室。

由於有高級軍士和最有經驗的技術員戴著耳機、操作裝備、更新標圖，整個戰術情報中心的運作效率大大提高。現在戰術情報中心成爲準備作開心外科手術的作戰室而不是擠滿閒聊士兵的客棧。

一開始我還擔心高級軍士和軍士長沒多久就又會回到原來的控制臺和標圖板旁的樣子，但是越戰中異常激烈的各種活動使他們忙著處理現代戰爭中不斷變化的各種形勢，他們不再無所事事，重新對他們的主要使命產生了興趣。巡航中，「企業」號的戰術情報中心在戰備檢查中被評爲最佳等級——「E」級

艦隊最佳戰術情報中心，而且戰術情報中心人員的士氣也沒有受挫。

現在我要回答一個問題，爲什麼戰術情報中心的運作如此惡化，而我卻毫不知情？我的解釋是在像航母那麼大的一艘艦上，類似事件可能發生在任何部門、任何分隊和任何小隊中。在日常管理中，航母艦長和副艦長不可能檢查艦上所有部門的運作。在海上作戰和一級戰備中尤其如此，因爲此時艦長要待在艦橋，副艦長要待在艦艉輪機艙輔助艦艇操縱部位的戰位上。

七月，一名輪換的戰術情報中心軍官到「企業」號報到，並在一星期內全面接管工作，好讓他的前任人員能休20天的假，再回來輪換執勤。這個新來的少校情報軍官雖然在他原先的巡邏中隊工作責任心很強，但卻對戰術情報中心的工作缺乏經驗。他在戰術情報中心學校學習過，並接受過戰鬥機指揮訓練。但是這些培訓只能教給他裝備技術層面的東西以及艦隊條令規定的必須履行的程序。對於一個從未在艦上工作過的軍官來說，他很容易受到蠱惑，從而因循守舊。艦上經常會發生的是高級軍士們告訴新來的軍官：「艦上一直是這麼執行的。他們可以離開控制臺和標圖板，有緊急情況時再回來接手工作。」這就讓那些高級軍士們又有舒服日子過了，又有大把的時間閒聊了。這樣做的弊端是當情況不確定、高級軍士們返回控制臺時，他們可能沒有充分掌握簡報要求，對接手當時的情況準備不足，從而耽誤了時間。

再次備戰

正如我所說的，戰備檢查是一個很正式的事務。這項事務由一個航母分隊的少將司令負責，分管兩艘航母的行政事務。他的參謀都是經驗豐富的飛行員，3個月前剛從連續7個月的東京灣部署回來，他們的飛機搭乘的第77特混編隊的大甲板航母跟「企業」號是同一時代的。航母分隊的參謀在50～60名來自聖地牙哥海軍訓練大隊的軍官和軍士的協助下設置戰鬥問題，並統計數據，對「企業」號航母的艦員應對各種問題的反應作出報告。

　　戰鬥問題模擬航母在越戰中會遇到的各種情況。少將以「企業」號作爲旗艦，模擬特混大隊的司令。在整個戰備檢查期內，他和他的參謀都呆在「企業」號上，占據指揮艙，在艦上生活並以指揮標圖室作爲他們的指揮中心。少將是戰備檢查的主檢查官，並親自簽署和遞呈檢查報告給太平洋艦隊空軍司令，該司令再將其報告給海軍作戰部部長辦公室，作爲「企業」號海外部署並在西太平洋快速實施作戰行動的戰備情況評估報告。

　　戰備檢查需要「企業」號開展和越南戰場相似的作戰行動。航母艦載機聯隊用威力等同於500磅炸彈的訓練炸彈和砲彈攻擊加里福尼亞州中城的目標，並用每年訓練用的導彈攻擊無線電控制的無人駕駛靶機。

　　戰備檢查強度很大，72小時內無論是艦員還是檢查官都睡得很少。模擬戰鬥損傷時，檢查人員故意使一些裝置無法使用，要求母艦利用緊急處置預案和輔助應急系統不間斷地維持運轉。

　　裡科弗將軍的華盛頓團隊從位於愛達荷州阿科「企業」號陸基模型基地的訓練大隊中抽調了一個分隊負責模擬考覈工程設備艙的人員傷亡時的情況處置。雖然那是我最擔心的區域，但是反應堆的軍官和主工程師以專業的水準解決了裡科夫派來的人員設定的問題，甚至還勉強獲得了檢查組的表揚。

　　星期五下午，戰鬥問題模擬結束，毀傷復原。在「企業」號返回聖地牙哥的途中，檢查組向將軍作了簡要彙報。在靠港之前，將軍把我叫到他的艙內，爲「企業」號的優異表現向我道賀。將軍說他尤其對戰術情報中心的改善印象深刻，這個部位在預先戰備評估中是不盡如人意的，但來自艦隊訓練大隊的檢查組在戰備檢查中給了年度航母戰術情報中心評估中最高的分數。

　　在預先戰備評估中成績也不理想的通信部門，同樣有所改善，獲得了很優異的成績。由於這些突出表現，年終評獎時，「企業」號的戰術情報中心和通信部門獲得了艦隊最高的分數。「企業」號因此在所有航母艦隊的作戰情報中心和通信部門中榮獲成績卓越獎（「E」）。

　　戰備檢查結束後，「企業」號回到舊金山灣和阿拉米達的碼頭，最後休整

10天，然後將再次部署到西太平洋。為了有效重新部署，直到部署前最後一分鐘，都需要檢修工程和設備問題及裝載備用反應堆零件和艦上用的電子設備。其中，航母艦載機聯隊的6種不同型號飛機的必要的測試裝備和備件的裝載工作是最複雜的。

　　燃油和彈藥等戰鬥耗材要逐步裝載，這樣航母吃水不會太深，以便安全地通過珍珠港。航母在舊金山市區駐泊時，一些不便於大量搬運的相對危險的軍需品也要推遲裝載。剩餘的彈藥將在珍珠港進行裝載，而航空燃油在航母通過夏威夷時，由加油船進行裝載。

　　一九六六年十一月十九日，「企業」號再次從阿拉米達起航，將第二次在東京灣對越南敵人的飛行戰鬥任務中過聖誕節。五天後，「企業」號離開瓦胡島的鑽石頭時，收到港口通行所的指示，讓其繼續前往珍珠港並停靠彈藥碼頭。這讓一些經驗豐富的太平洋艦隊的軍官們大為不解：由於水深限制和靠港時機動空間限制，除了「中途島」級航母，其他任何航母都沒法停靠彈藥碼頭。

　　當直升機載著海軍基地派來駕駛航母通過複雜的珍珠港航道的文職領航員降落到艦上時，更增加了我的顧慮。領航員在到達艦橋時兩次差點摔倒，呼吸中帶著能醉倒6英尺牛的威士忌酒味。一起隨直升機到來的還有我的兩位老朋友，都是太平洋司令部的參謀，都是上校和前任航母艦長。他們走出直升機對我進行正式訪問，歡迎我到夏威夷來。他們談笑風生，說著夏威夷發生的事情，並問我美國大陸那邊的情況。鑑於文職領航員的醉酒狀態，我立刻意識到不太可能讓他來操艦了，我得自己把艦駛入珍珠港。

　　我很客氣地建議那位領航員，說因為這是核動力航母，按照規定必須由艦長操艦，但我們從福特島到珍珠港另一側的彈藥碼頭時，我邀請他站在我身邊提供意見。領航員同意並從操舵室的軍官中退了出去，退到艦橋右舷的側廳的擋風玻璃後面。此時軍需官最擔心的是他會不會掉到下方將軍的駕駛臺上。

　　由於要照顧我那些友好但卻嘮叨的朋友，直到「企業」號要進入珍珠港

水道，我才提醒這些前輩艦長們，鑑於專業領航員目前的狀態，我得去忙「企業」號進港的事去了。

當「企業」號到達彈藥碼頭時，另一個領航員用軟梯上艦，指揮他的6艘拖船協助航母靠泊碼頭。他鎮定而且稱職，瞭解他的6艘拖船的能力，而這方面我就不清楚了。在6艘海港拖船的協助下，加上8個反應堆和4個螺旋槳的機動能力，「企業」號安然無恙地靠港了。因為航母的船舷很高，當其低速航行時，強風作用於橫樑會對這些龐然大物駛往目的地造成很大的困擾，然而幸運的是當天風平浪靜。

有時當聲響探測儀探測到深度為零時讓我非常擔心，但領航員解釋說這是因為彈藥碼頭海底的泥土太過鬆軟，被航母的螺旋槳攪動起來後，航母龍骨下有1英尺的水深、3英尺的厚稀泥，再往下才是硬質底。測量數據也許是準確的，但有時只會增加人的焦慮。

兩天後，在彈藥碼頭裝滿了爆炸性貨物後，航母安全順利地繼續起航駛往福特島的航母碼頭，這確實非常幸運。一年後「企業」號的繼任艦長在意圖駛往彈藥碼頭靠泊時造成擱淺。在他努力想使航母解脫時，航母發動機高速運轉抽取的泥土進入航母冷凝器，造成其堵塞，發動機廢氣無法壓縮成給水。而鍋爐裡缺少給水造成8個反應堆緊急停堆。因為反應堆檢測儀表檢測到可能會造成核事故或核心反應堆損壞的緊急情況，所以一發生停堆，反應堆就會自動關閉。停堆後，反應堆要立即關閉並徹底檢查是否出現了任何損壞的情況。

一九六六年十一月二十六日，「企業」號停靠福特島的航母碼頭。雖然當地的司令部宣布由於航母上裝載有危險的補給品，除官方事務外禁止人員訪問，但「企業」號一靠港還是有一些重要來賓川流不息地上艦訪問。對於當地的市長、市議會成員以及大批居住在當地的高級退休將軍來說，禁訪規定顯然不能阻止他們登上世界上唯一的核動力航母參觀的好奇心。

接下來的兩天內，航母通過當地的報紙發布消息，規定在上午十點到下午三點開放參觀。十點時據治安維持人員估計有上萬人在碼頭耐心等待上艦參

觀。雖然到了下午四點人群還未消散，但一到參觀截止時間，航母還是封閉參觀了。據當地報紙報道，有兩萬人上艦參觀。

第二天上午，也就是十一月二十八日上午八點，「企業」號起航駛往西太平洋的第77特混編隊，以及「揚基」駐泊點。一九六六年十二月五日，「企業」號抵達蘇比克灣，並短期停留兩天裝載航空制導彈藥。由於這種彈藥艦隊供給不足，因此訓練時並沒有使用過，留在戰區實戰時使用。它們都是最新的型號，包括：響尾蛇、麻雀Ⅲ、反輻射導彈、鼓眼魚——一種限量生產的電視制導的空地導彈。「企業」號還搭乘上了一組情報專家，包括精通越南語和漢語的人員。這些專家供不應求，非常搶手，穿梭於離港的航母之中。他們在提供敵飛機和導彈實時部署和機動情況的信息和情報方面確實非常有價值。